跟着老饕吃遍

中式
经典小吃

甘智荣◎主编

U0385873

黑龙江科学技术出版社
HEILONGJIANG SCIENCE AND TECHNOLOGY PRESS

图书在版编目（CIP）数据

跟着老饕吃遍中式经典小吃 / 甘智荣主编 . -- 哈尔滨：黑龙江科学技术出版社，2019.1
ISBN 978-7-5388-9879-8

Ⅰ . ①跟… Ⅱ . ①甘… Ⅲ . ①风味小吃 – 介绍 – 中国 Ⅳ . ① TS972.116

中国版本图书馆 CIP 数据核字 (2018) 第 234945 号

跟着老饕吃遍中式经典小吃

GENZHE LAOTAO CHIBIAN ZHONGSHI JINGDIAN XIAOCHI

作　者	甘智荣	
项目总监	薛方闻	
责任编辑	徐　洋	
策　划	深圳市金版文化发展股份有限公司	
封面设计	深圳市金版文化发展股份有限公司	
出　版	黑龙江科学技术出版社	
	地址：哈尔滨市南岗区公安街 70-2 号　邮编：150007	
	电话：（0451）53642106　传真：（0451）53642143	
	网址：www.lkcbs.cn	
发　行	全国新华书店	
印　刷	深圳市雅佳图印刷有限公司	
开　本	723 mm × 1020 mm　1/16	
印　张	12	
字　数	120 千字	
版　次	2019 年 1 月第 1 版	
印　次	2019 年 1 月第 1 次印刷	
书　号	ISBN 978-7-5388-9879-8	
定　价	39.80 元	

PREFACE
前言

　　老北京炸酱面、天津狗不理包子、西安肉夹馍、上海生煎包、重庆酸辣粉、长沙臭豆腐、广东肠粉、台湾卤肉饭、港式菠萝包……无论何时、何地，特色小吃总能在城市美食名片上留下印记，成为一地的代名词。

　　小吃是"小"的，因为它不用奢侈的食材，没有华丽的呈现空间，它是直接的、质朴的，让人觉得亲切与喜爱。小吃也不"小"，因为它可能承载着一方百姓历经百年甚至千年流传下来的"记忆"，是一种有"情意"的食物。你或许有类似的经验：网络爆红、美食杂志必推的人气小吃，吃进嘴里却失望不已——"这不是记忆中的味道啊……"就是因为小吃除了味道之外，还加入了品尝者的成长背景、习惯口味等因素。每个人对小吃的记忆是私密且截然不同的，因而成就了小吃的"独特风味"。

　　每一种经典小吃的流传都有背后的故事，小吃是一个城市的记忆名片，是一种地域文化的体现。一个真正的老饕定会吃遍东西南北，吃遍大街小巷，吃过山珍海味，也吃过各式小吃。《跟着老饕吃遍中式经典小吃》为读者编织了一幅馋嘴小吃地图。

　　全书共收录70道中式经典小吃，均为历史悠久、富有乡土气与地域特色的美食，是土生土长的本地人都爱吃的，且至今仍是街头巷尾的美食主角。同时，本书从美食家的角度介绍各式小吃的典故。本书各美食做法步骤详略得当，图片精美，容易上手，让您在家就能享用到全国各地的经典小吃。

CONTENTS 目录

Part 1

百年传承，经典京津小吃

003 就爱那碗面

006 又闻街头栗子香

008 都说冰糖葫芦儿甜

010 好吃又好看的艾窝窝

012 面茶不是茶

015 狗不理，我理

018 走，吃炸糕去

020 不一样的鸡蛋卷饼

Part 2

粗犷豪迈，经典西北小吃

025　肉与馍的火热碰撞

028　来一碗"羊羹"暖暖身

030　花样猫耳朵

032　夏日何所适，一碗凉皮

034　一口不过瘾的酸爽美味

036　陕西人的"过桥米线"

038　凤鸣岐山臊子面

040　皇帝御膳——豆腐包子

043　无馍不成席

046　把美味的羊肉串带回家

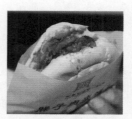

Part 3

俊美灵秀，经典江南小吃

051 不一样的"馒头"

054 在上海吃生煎

056 一碗怀乡碎"片"

058 爱吃葱油爱吃面

060 当鸭血遇见粉丝

063 一只特别的"烧饼"

066 吃年糕，"年年高"

068 莫负春光，且吃春饼

070 记忆中的糖芋头

072 悠悠春日，青青团子

074 "都不老"的豆腐脑

076 酒酿好甜

Part 4

川香四溢，经典川渝小吃

080　走街串巷的担担面

082　先甜后辣的甜水面

085　红油包裹的钟水饺

088　面条就要"燃"起来

090　一碗爽口米凉粉

092　麻辣鲜香重庆小面

094　好巴适的酸辣粉

096　酸辣咸鲜花样豆花

098　蓉城经典龙抄手

Part 5

百变美味，滇桂黔特色小吃

103　包裹着浪漫的过桥米线

106　一吃难忘的饵丝

108　花香浓郁的鲜花饼

110　是老友就吃"老友粉"

112　一城特色桂林米粉

114　风味独特的螺蛳粉

117　伴君"常旺"面

120　本色本味黄糕粑

Part 6

别有风味，经典两湖小吃

125 最是那一抹"臭"

128 鲜香麻辣小龙虾

130 市井美味糖油粑粑

132 一甜一咸两"姊妹"

134 老少皆宜的甜酒冲蛋

136 正宗的武汉热干面

138 中式饭团糯米包油条

141 "过早"明星——三鲜豆皮

Part 7

典雅传统，经典广东小吃

147　是米不是"肠"

150　粤点"头牌"虾饺

152　带着年味的"角仔"

154　两相宜的云吞面

156　奶香与蛋香的唯美组合

158　酥软香甜的老婆饼

160　当姜汁撞上奶

162　超爽滑的双皮奶

Part 8

各具千秋，经典港澳台小吃

166 台湾古早"饭"

168 翻滚吧，蚵仔

170 藏在"菠萝油"里的慢时光

172 煎饼里的"小确幸"

174 奶茶就喝"丝袜"做的

176 经典葡式甜品——木糠蛋糕

179 飘香过海葡式蛋挞

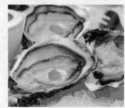

— Part 1 —

百年传承,
经典京津小吃

京津作为北方的门户,
因其独特的皇城文化,
传承并衍生出了种类繁多的特色小吃。
它们带着市井胡同的风情,
又沾染着宫廷的味道,
在北方小吃中独树一帜。
跟着我们一起享受京津美食,
品尝记忆深处的味道吧!

说到老北京的经典食物，最为人乐道的有二——

一个是烤鸭，另一个就是炸酱面。

老北京的炸酱面『讲究』——

面条讲究、炸酱讲究、面码更是讲究。

老北京的炸酱面『自在』——

处处透着一股子北京人特有的生活方式，

是地道北京人一年四季里必不可少的食物。

就爱那碗面

【美食情怀】

地道的老北京人，炸酱面是隔三差五就要吃上一回的。对于他们来说，炸酱面不仅仅是一碗面，更是一碗当家饭。

炸酱面的起源无从考证，但跟炸酱面关系紧密的传说来自"六必居"。据传是先有六必居的黄酱，后有的炸酱面。所以，北京人做炸酱面，必用六必居的干黄酱。有些人喜欢再加些甜面酱，这样味道既有干黄酱特有的香气，又有甜面酱的鲜甜，而且两种酱调制比例不同，出来的味道也不同。

炸酱面用的肉，一般是肥瘦相宜的五花肉，而且肉要切成黄豆大小的粒，而不是直接剁碎或搅成肉糜。然后就是菜码，也就是和酱一起拌在里面吃的小菜，都是生鲜菜。讲究的人要准备十个面码，一般也就四五个。面码可以用焯过水的绿豆芽、青豆、韭菜段、芹菜、莴笋片、黄瓜丝、萝卜丝等。

【老饕侃吃】

吃炸酱面的时候要准备一个海碗，面不要煮多，一般不超过碗的三分之二即可。然后加上面码和酱，再淋上些陈醋，拌匀了，吃一口面，啃一口大蒜，口味偏重的人还可以加点黄芥末。味道，香！

有肉，有菜，有酱料，
搭配松软爽口的面条，
如此营养丰富的小吃，
营养又美味，让人根本
停不下来。

炸酱面

原料

五花肉·······135克

毛豆··········70克

菠菜·········30克

鸡蛋液·······20克

面粉·········100克

大葱·········15克

胡萝卜汁······适量

调料

豆瓣酱·······18克

甜面酱·······15克

盐··········3克

料酒········3毫升

食用油·······适量

做法

1. 将80克面粉和胡萝卜汁混匀，按压成面团，封上保鲜膜，醒面20分钟。

2. 洗好的菠菜切成段；五花肉切成丁；鸡蛋液打入锅中，煎成蛋饼，再切成蛋丝。

3. 锅中注入适量清水烧热，放入适量盐、食用油，分别将毛豆和菠菜焯水后捞出，待用。

4. 取出面团，撒上适量面粉，用擀面杖擀成大面饼，叠起面饼，切成条，并将面条放入开水锅中煮熟后捞出。

5. 热锅注油烧热，放入五花肉丁，翻炒，倒入豆瓣酱、甜面酱、料酒、适量清水，炒匀。

6. 放入盐，再倒入适量清水，加盖焖2分钟，揭盖后放入大葱，炒匀。

7. 关火，将食材盛出，浇在面条上，旁边摆上毛豆、菠菜、蛋丝等小菜即可。

● **小叮咛**：豆瓣酱和甜面酱本身已经很咸，也可以不加盐。菜码的选择没有定式，可随个人喜好更换。

又闻街头栗子香

糖炒栗子具体始于何时已无从考证，但从史料记载来看，清代较为盛行，尤其盛行于清末至民国时期的老北京，成为当时著名特产小食品。

老北京的糖炒栗子讲究现炒现卖，所炒制的栗子以"良乡板栗"为首选。早年间多是在干果店门前垒个炉灶，架起大铁锅，然后将挑选好的生栗子与铁砂放入锅内用铁锹翻炒，并撒上些饴糖汁。待炒熟后倒入木箱并以棉垫盖严，随后高声吆喝："唉，良乡的栗子咧！糖炒栗子哟！"这样现炒现卖的热栗子颇受老北京人的青睐。

【在家做美食】

糖炒栗子

原料

栗子 380 克

调料

白糖 8 克，粗盐少许

做法

1. 栗子用剪刀剪个口子，口子的长度至少 1 厘米长、2 毫米深。

2. 将切好口子的板栗在清水中浸泡 15 分钟，然后用干净的布吸干水分。

3. 在干净的锅中倒入粗盐，倒入板栗，用中火慢慢加热，用铲子翻炒，使栗子受热均匀。

4. 放入白糖继续翻炒，直至糖粒包裹在栗子上，继续炒。

5. 几分钟后，板栗的口子有点张开了，加快翻炒直至栗子熟透即可。

都说冰糖葫芦儿甜

【美食情怀】

　　在首都北京，常常会看见一条条的风味小吃街，小吃街上引人注目的，可能就属那一串串红艳艳的冰糖葫芦了。那被压弯了的泡沫棒上，插着些看着就令人心动的冰糖葫芦，火红的山楂、新鲜的草莓，再加上外面那一层黏稠的糖膜，真是让人看着就想上去咬一口。

　　冰糖葫芦酸甜适口，老少皆宜，尤其受到孩子们的欢迎。它是将野果（一般是山楂）用竹签串成串后蘸上麦芽糖稀制成的，糖稀遇风迅速变硬，吃起来又酸又甜，还很冰。

【在家做美食】

冰糖葫芦

原料

山楂160克，红豆沙30克，熟白芝麻20克

调料

冰糖60克，食用油适量

做法

1. 洗净的山楂对半切开，去核。
2. 取干净的盘子，淋上少许油，涂抹均匀，待用。
3. 取少许红豆沙填进半边山楂里，合上另一半边，成一个完整的山楂。
4. 用竹签串上，每支竹签串4个山楂。
5. 将山楂串装入抹了油的盘里，待用。
6. 锅置火上，倒入30毫升左右的清水，烧热，倒入冰糖，开中小火，搅拌约4分钟至冰糖溶化，制成糖浆。
7. 关火后将糖浆浇在山楂串上，转动山楂串以均匀裹上糖浆，最后撒上白芝麻即可。

好吃又好看的艾窝窝

　　艾窝窝是一种历史悠久的北京风味小吃，颇受大众喜爱。曾有诗云："白黏江米入蒸锅，什锦馅儿粉面搓。浑似汤圆不待煮，清真唤作艾窝窝。"它的特点就是色泽洁白如霜，质地细腻柔韧，馅心松散甜香。

　　艾窝窝主要是由糯米粉（江米）、面粉做外皮，其内包的馅料富有变化，有核桃仁、芝麻、瓜子仁、山药泥等营养丰富的天然食材，常以红色山楂糕点缀，增加美观度。因其皮外掺薄粉，上作一凹，故名艾窝窝。

【在家做美食】

艾窝窝

原料

糯米 150 克，干糯米粉适量，核桃仁、瓜子仁、葡萄干、杏脯、果脯各 20 克，熟白芝麻 15 克

调料

白糖 40 克

做法

1. 将备好的核桃仁、瓜子仁放入烤箱烤熟，取出凉凉后用料理机打碎，装入碗中，加入白糖和熟白芝麻，拌成馅料。

2. 将果脯、葡萄干切碎；杏脯切成小丁。

3. 将糯米提前用清水浸泡 6 小时以上，滤干净后放入蒸锅中，加盖蒸 20 分钟后开盖，倒入适量开水，边倒边搅拌，加盖续蒸 10 分钟至糯米完全熟透。

4. 将蒸好的糯米倒入大碗中，趁热用擀面杖擀烂，制成若干糯米团。

5. 取干糯米粉用微波加热 30 秒，倒在案板上。

6. 将糯米团沾满干糯米粉，依次将各个糯米团滚圆按扁，放上馅料，再捏紧包好，点缀上葡萄干、果脯、杏脯即可。

面茶不是茶

没来过天津的朋友可能没喝过天津面茶。天津面茶味道咸香，是天津人喜爱的早点之一，也是天津知名小吃之一。

面茶不是茶，只是做好后颜色远远看着像是茶汤，又是用面做的，所以叫面茶。天津面茶是用糜子面熬成的，熬好的糜子面糊先盛入碗中，然后在表面倒上一层芝麻酱，再撒上芝麻或芝麻椒盐，一碗散发着浓郁芝麻香的面茶就做好了。自己做面茶其实也很简单，虽然不是正宗的，但只要掌握了方法，味道还是很棒的。

【在家做美食】

天津特色面茶

原料

糜子面 63 克，熟芝麻 6 克，八角 2 个，香叶 2 片，姜片 3 片

调料

芝麻酱 12 克，盐 3 克，芝麻油适量

做法

1. 将熟芝麻倒在案板上，撒上适量盐，用擀面杖擀成略带颗粒的粉状。
2. 将盛有糜子面的碗中注入适量清水，搅拌成糊状。
3. 将芝麻油滴入芝麻酱中溶解开，待用。
4. 锅中注入适量清水煮沸，放入八角、香叶、姜片，煮 5 分钟，将材料捞出。
5. 锅中再倒入糜子面糊，搅拌成黏稠状。
6. 将烹煮好的面糊盛出，装入备好的碗中，撒上芝麻，淋上芝麻酱即可。

包子随处可见，但天津狗不理包子是不同的。

150余年的历程，一个半世纪的信誉，

成就了狗不理包子难以复制的美味，

引得无数食客竞折腰。

无论时光流转、岁月变迁，

它的任性与美味不变，

它是一座城市的名片，是天津的金字招牌。

狗不理，我理

【美食情怀】

狗不理包子是一道由面粉、猪肉等材料制作而成的小吃，始创于公元1858年，为"天津三绝"之首，是中华老字号之一。

狗不理包子铺开始名为"德聚号"，创始人为高贵友，乳名"狗子"。由于其做包子的手艺好，来他店里吃包子的人非常多，高贵友总忙得顾不上跟顾客说话，这样一来，吃包子的人都戏称他"狗子卖包子，不理人"。久而久之，人们喊顺了嘴，都叫他"狗不理"，把他所经营的包子称作"狗不理包子"，而原店铺字号却渐渐被人们淡忘了。

狗不理包子以鲜肉包为主，兼有三鲜包、海鲜包、酱肉包、素包子等6大类及98个品种。2011年11月，国务院公布了第三批国家级非物质文化遗产名录，"狗不理包子传统手工制作技艺"项目被列入其中。

【老饕侃吃】

狗不理包子制作讲究，在选料、配方、搅拌及揉面、擀面、掐褶花等方面都有一定的绝招，想要自己在家做出正宗的狗不理包子有一定的难度，不过掌握一定的诀窍也能做个八九不离十。

或许不够正宗，可能褶子捏的不好，但香喷喷的肉包子谁不爱呢？服务员，给我来十个！

【在家做美食】

狗不理包子

原料

肉馅 ……… 150克
面粉 ……… 300克
酵母粉 ……… 3克
大葱 ……… 40克
姜末 ……… 1克
碱 ……… 1克
高汤 ……… 100毫升

调料

盐 ……… 3克
鸡粉 ……… 3克
料酒 ……… 3毫升
生抽 ……… 3毫升
食用油 ……… 适量

做法

1. 洗净的大葱切开，切成细条，再切碎。

2. 将面粉、酵母粉放入备好的碗中，注入适量清水，拌匀，并按压成面团，封上保鲜膜，发酵2小时。

3. 在备好的碗中放入肉馅、姜末、葱碎、盐、鸡粉、料酒、生抽，搅匀，倒入高汤，拌成黏糊状，待用。

4. 将保鲜膜撕开，取出面团；往装有碱的碗中注入适量清水，搅拌成碱液。

5. 将碱液倒在面团上，撒上适量面粉，将面团捏成小面团，醒面5分钟。

6. 取出醒好的小面团，撒上适量面粉，用擀面杖擀成面饼。

7. 将肉馅放入面饼上，制成包子，放入刷了一层油的盘子里。

8. 将包子放入蒸锅中蒸15分钟，取出即可。

● **小叮咛**：包馅掐褶是很有讲究的：可左手托皮，右手拨入馅。掐包时先用右手的食指和拇指把面皮捏起来；然后用左手食指把旁边面皮推向右手食指的位置，形成一个褶子；松开右手食指和拇指，把褶子和面皮捏在一起。如此捏完所有褶子，把收口捏紧，轻轻扭一下即成。

走，吃炸糕去

耳朵眼炸糕，天津代表性小吃之一，与狗不理包子、十八街大麻花并称为"天津三绝"。耳朵眼炸糕是一种清真食品，起源于清光绪年间，是由回民刘万春创制的。起初的店铺在北门外窄小的耳朵眼胡同出口处，因出口窄小被众食客戏称为耳朵眼炸糕。

传统的耳朵眼炸糕采用上等黏黄米经水磨后发酵，又选上等红小豆煮烂去皮，加上红糖汁炒制成馅。包好后温油（130℃）下锅，勤翻、勤转，炸出的炸糕外皮酥脆不腻，豆馅香甜爽口。

【在家做美食】

耳朵眼炸糕

原料

糯米粉 200 克，黏米粉 60 克，红豆沙馅 300 克

调料

食用油适量

做法

1. 将糯米粉和黏米粉混合均匀后筛入大碗中，缓缓加入适量清水，一边加水一边搅拌，直至面粉干稀适中且无干粉。
2. 用手将面粉揉成光滑的面团，然后将面团分切成数个分量一致的剂子，逐一搓圆。
3. 将面团逐个按扁，中间放适量红豆沙馅，包起、收口、滚圆，即成炸糕生坯。
4. 锅中注入适量食用油，待食用油烧至五成热时，放入炸糕生坯，待表皮炸至颜色微黄时捞出，冷却至室温。
5. 将油锅转大火，烧至八成热时下入炸糕，大火快炸并适当翻转，至炸糕表面呈焦黄色时关火，捞出装盘即可。

不一样的鸡蛋卷饼

煎饼果子是天津市的著名小吃，天津人常把其作为早点。传统的煎饼果子，是由绿豆面薄饼、鸡蛋，还有油条（天津人称为馃子）或者薄脆的"馃箅儿"组成的，并配以面酱、葱末、香菜、辣椒酱（可选）等作料。

如今的煎饼果子原料已经不仅限于绿豆面摊成的薄饼，还有黄豆面、黑豆面等，煎饼里还会夹火腿、香肠甚至豆腐丝、肉松等原料。虽然店家依然冠名煎饼果子，但不正宗。

【在家做美食】

煎饼果子

原料

面粉、黄豆面、玉米面、油条各 30 克，鸡蛋 2 个，榨菜 40 克，葱段 10 克，香菜 7 克

调料

蒜蓉辣酱 10 克，甜面酱 5 克，食用油适量

做法

1. 榨菜切成碎，待用。
2. 在备好的碗中放入玉米面、黄豆面、面粉，注入适量清水，搅拌均匀，制成面糊。
3. 热锅注油烧热，放入面糊，再打入鸡蛋，用勺子将鸡蛋摊平，转小火煎 3 分钟至表面焦黄，翻面煎 3 分钟。
4. 在鸡蛋饼上刷上甜面酱、蒜蓉辣酱。
5. 放入榨菜、油条、葱段、香菜。
6. 将面饼卷起来，用锅铲将面饼切开，放入备好的盘中即可。

Part 2

粗犷豪迈，
经典西北小吃

说到西北，

似乎总透着一股豪迈与爽朗的劲儿，

西北美食也是如此。

那种毫不做作的特色，

自然而然的美味，粗犷又不失精致婉约，

总让人不自觉地想要大快朵颐。

一起来品味西北美食，

感受西北独有的"热火劲儿"。

提到西安，人们自然会想到好吃的肉夹馍，

它浓郁香酥的滋味正合乎北方人的热情奔放。

肉夹馍，实际上就是饼子夹肉，

但不是每个夹了肉的馍都叫肉夹馍。

正宗的肉夹馍，必有『腊汁肉』『白吉馍』，

两者合二为一，馍香肉酥，味美至极。

肉与馍的火热碰撞

【美食情怀】

肉夹馍是"肉夹于馍"的简称，是陕西省传统特色美食之一。肉夹馍实际上是两种食物——腊汁肉、白吉馍的绝妙组合。腊汁肉和白吉馍合为一体，互为烘托，将各自滋味发挥到极致，使得馍香肉酥，肥而不腻，令人回味无穷。

白吉馍源自咸阳，是将上好的面粉揉制后做成饼形，用炭火烘烤而成。制好的白吉馍形似"铁圈虎背菊花心"，皮薄松脆，内心软绵。可单独食用，配腊汁肉同食味道更佳。

腊汁肉起源于战国，那时称为"寒肉"，是选用上等硬肋肉，加盐、姜、葱、丁香、桂皮等材料汤煮而成。腊汁肉单吃可，下酒佐饭亦可，还有用其拌面的，西安另一道著名小吃"腊汁肉揪面片"就如此。然而真正欲领略其风味，是配刚出炉的热白吉馍夹着吃，这便是"肉夹馍"。

【老饕侃吃】

想要享受肉夹馍的美味，一定要"拿好"馍。正宗吃肉夹馍的姿势为水平持馍，从两侧咬起，可以使腊汁肉肉汁充分浸入馍中，不至流出。

"

想吃肉夹馍时也可以自己在家做，味道可能比不上那些百年老店，但随自己口味，吃得也舒心和满足。

腊汁肉夹馍

原料

五花肉·········700克
白吉馍·········200克
大葱···········20克
干辣椒段········8克
八角············2个
草果············2个
香叶···········适量
桂皮···········适量
豆蔻···········10克
花椒粒···········6克
茴香············5克
生姜···········15克

调料

老抽·········5毫升
盐·············3克
白糖···········40克
料酒···········适量

做法

1. 洗净的生姜切片；大葱划开，切段。
2. 备好一碗清水，将五花肉放入其中，淋上适量的料酒，拌匀，浸泡30分钟去除腥味。
3. 热锅注水，倒入白糖，炒至深红色。
4. 注入适量的清水，倒入草果、桂皮、八角、香叶、豆蔻、茴香、花椒粒、干辣椒段、姜片、大葱段，加入老抽、盐，拌匀，煮至沸腾。
5. 将煮好的卤水盛入备好的锅中。
6. 把浸泡好的五花肉倒入卤水中，拌匀，加盖，大火煮开，转小火卤煮60分钟。
7. 揭盖，取出，放入碗中，淋上卤汁。
8. 将冷却的五花肉切片，切条，改切碎。
9. 在白吉馍侧面切上一道口子，将适量熟五花肉放入白吉馍中，摆好盘即可。

● 小叮咛：炒糖色是很关键的一步，白糖（也可以放冰糖）要炒至焦糖色，这样卤出来的肉才红亮而带鲜甜。这一步不可省略，也不能图省事，直接把糖加入卤汁中。

来一碗"羊羹"暖暖身

【美食情怀】

说起陕西小吃，西安羊肉泡馍不可错过。羊肉泡馍简称羊肉泡、泡馍，制作原料主要有羊肉、葱末、粉丝、糖蒜等，古称"羊羹"。它烹制精细，料重味醇，肉烂汤浓，肥而不腻，营养丰富，香气四溢，诱人食欲，食后回味无穷。因它暖胃耐饥，素为西安和西北地区各族人民所喜爱。

外地游客到了西安，一定要尝一碗羊肉泡馍，不然就算到西安白走一遭。羊肉泡馍，说它是陕西"美食名片"实不为过。

【在家做美食】

羊肉泡馍

原料

饦饦馍 2 张，羊肉 200 克，水发粉丝 80 克，羊骨汤、葱花各少许，蒜苗 20 克

调料

盐 3 克，鸡粉 2 克，食用油适量

做法

1. 洗净的羊肉切成片，待用。
2. 备好的饦饦馍掰成两半，再撕碎，待用。
3. 热锅注水煮沸，倒入羊骨汤，煮至沸腾。
4. 放入羊肉片，煮至肉变色。
5. 放入水发粉丝、盐、鸡粉、食用油，搅拌一下。
6. 将煮沸的汤汁上的浮沫捞出。
7. 放入蒜苗、饦饦馍碎，搅拌均匀。
8. 关火，将煮好的菜肴盛至备好的碗中，再撒上葱花即可。

花样猫耳朵

【美食情怀】

　　麻食（麻什）是形状如大拇指指甲盖大小的面疙瘩，中间略薄，边缘翘起。麻食是西北地区特有小吃，流行于陕西、甘肃一带。贾平凹先生在《陕西小吃小识录》称其为"圪饦"（陕北语）。陕西关中人称作麻食、猫耳朵。

　　麻食不仅可以煮着吃（俗称烩麻食），也可以用清汤煮熟后，捞起现炒（俗称炒麻食）。掐指蛋大面团在净草帽上搓之为精吃，切厚块以手揉搓为懒吃。

【在家做美食】

麻食

原料

面粉 200 克，黑木耳、小白菜、土豆各 55 克，胡萝卜、黄豆芽各 40 克，大葱花 7 克，鸡蛋 1 个

调料

番茄酱 25 克，盐 5 克，生抽 3 毫升，鸡粉 2 克，食用油适量

做法

1. 洗净的小白菜切段，洗净的胡萝卜和土豆切丁，黑木耳切碎，鸡蛋调成蛋液。
2. 锅中注油烧热，倒入蛋液，煎成蛋饼，切成丝。
3. 往装着面粉的碗中放入盐、100 毫升清水，拌匀后倒在桌面上揉搓成团，封上保鲜膜，发酵半小时。
4. 热锅注油，爆香大葱花，倒入土豆、胡萝卜、番茄酱、生抽、200 毫升清水，拌匀，放入黑木耳、黄豆芽、盐、鸡粉，煮 3 分钟，捞出，制成酱汁。
5. 将发酵好的面团用擀面杖展开，用刀切条，再切小丁，用手将面丁捏成猫耳状。
6. 锅中注水煮沸，将面丁焯水后捞出，再放入小白菜，煮至熟，捞入碗中，淋上酱汁，放上蛋丝即可。

夏日何所适，一碗凉皮

凉皮起源于陕西，风靡于全国，为传统特色小吃之一。凉皮是用白面或小米面做的，白面做的是半透明的白，小米面做的是不透明的黄。白面做的比较普通，所以也叫面皮。因其看起来像米粉，也有人称之为"米皮"。

凉皮吃法多样，可凉拌、可热食，还可如炒面般炒着吃，但主要还是凉拌着吃。凉皮品种也很多，比较常见的种类有麻酱凉皮、秦镇米皮、汉中面皮、岐山擀面皮、面筋凉皮等。吃凉皮时，再配个肉夹馍或陕西烧饼，滋味美不胜收。

【在家做美食】

陕西凉皮

原料

陕西凉皮 500 克，黄瓜 55 克，蒜末少许

调料

盐、鸡粉、白糖、胡椒粉各 2 克，生抽 6 毫升，花椒油 7 毫升，陈醋、辣椒油各 15 毫升，芝麻酱 25 克，芝麻油适量

做法

1. 洗净的陕西凉皮切片，再切粗条，待用。
2. 洗净的黄瓜切成片，再切成条，待用。
3. 在备好的碗中倒入生抽、花椒油、陈醋、芝麻油、鸡粉、盐、辣椒油、胡椒粉、蒜末、白糖。
4. 搅拌均匀，制成酱汁，待用。
5. 在盛有凉皮的盘子中，淋上调制好的酱汁。
6. 在凉皮上放上芝麻酱，再放上切好的黄瓜条即可。

一口不过瘾的酸爽美味

北方人吃水饺，多吃干的，即煮好捞出直接吃或蘸酱吃，不过陕西的酸汤水饺是个例外。陕西的酸汤水饺是连吃带喝，而且汤香油润，酸辣过瘾，十分开胃。

酸汤水饺，贵在酸汤。陕西酸汤水饺的酸汤制作必有四样食材——虾皮、香菜、葱花、紫菜。碗里要放陈醋、酱油，陈醋要适当多一些，然后加上一大勺油泼辣子。看那碗里的汤，极红、极油，闻一闻便知是极辣、极酸的，尝一口更会全身每一毛孔都往外冒汗，让你舌头打转转。

【在家做美食】

酸汤水饺

原料

水饺 150 克，过水紫菜、虾皮各 30 克，葱花 10 克，油泼辣子 20 克，香菜 5 克

调料

盐、鸡粉各2克，生抽4毫升，陈醋3毫升

做法

1. 将锅中注入适量的清水，大火烧开。

2. 放入备好的水饺。

3. 盖上锅盖，大火煮 3 分钟。

4. 取一个碗，放入盐、鸡粉。

5. 淋入生抽、陈醋，加入紫菜、虾皮、葱花、油泼辣子。

6. 揭开锅盖，将水饺盛出，装入调好料的碗中。

7. 加入备好的香菜即可。

陕西人的"过桥米线"

摆汤面是陕西户县著名的传统小吃，获中华名小吃誉称。与一般面吃法不同，摆汤面在吃面条时需单独配上一碗上好的臊子汤。汤中配有黄花、木耳、油豆腐丁、西红柿、蒜苗、韭菜、葱花、肉丁（用酱油、醋、盐、大料、葱姜、肥瘦肉盘好的臊子肉），有点像云南的过桥米线。

无论喜庆宴席，还是节日待客，席间搁一盛有温水的面盆，每人面前一碗臊子汤，将面条挑入汤碗中，来回摆动，如此往复，席间香气四溢，主宾谦让，气氛温馨和美，别有一番情趣。

【在家做美食】

摆汤面

原料

细面条 150 克，肉末 100 克，葱白 25 克，水发木耳、水发黄花菜、油豆干各 30 克，葱花少许，韭菜末 15 克，姜末、蒜末、高汤各适量

调料

盐 3 克，五香粉 2 克，生抽 5 毫升，陈醋、食用油各 4 毫升

做法

1. 洗净的葱白切成丝，水发黄花菜、水发木耳、油豆干分别切成碎，待用。
2. 热锅注油烧热，放入葱白丝、木耳碎、黄花菜碎、油豆干碎，炒匀。
3. 放入盐、生抽，翻炒入味，盛盘待用。
4. 热锅注油烧热，放入姜末、蒜末，爆香，放入肉末，炒匀，放入生抽、陈醋、盐、五香粉，翻炒入味，将炒好的肉末捞起，待用。
5. 热锅倒入高汤，放入炒好的食材、陈醋、葱花和韭菜末，煮 3 分钟至熟，盛至备好的碗中。
6. 热锅注水煮沸，放入细面条，搅拌一会儿，煮至熟软。
7. 将煮好的面条捞至碗中，配上刚煮好的汤汁即可。

凤鸣岐山臊子面

臊子面很多地方都有，只要有肉加臊子加面条即可。但是，若问哪里的臊子面更好吃，非岐山臊子面莫属。

臊子面最为重要的是臊子汤。岐山臊子面的面倒不见得特别出众，但臊子绝对是"一枝独秀"。做臊子要选上好猪肉（七分瘦三分肥为好），将肉切成博片，锅内热油，下入肉片后就关火，让热油浸润肉片；之后再开火，炒到肉片熟透，加调料拌炒。臊子面的配色也很重要，黄色的鸡蛋皮、黑色的木耳、红色的胡萝卜、绿色的蒜苗、白色的豆腐等，既好看又好吃。

【在家做美食】

臊子面

原料

鸡蛋液、木耳各 20 克，豆腐 90 克，青蒜苗 15 克，去皮土豆 140 克，五花肉 175 克，干辣椒 2 克，面粉 110 克，去皮胡萝卜 65 克，姜末、葱花各 10 克，葱白适量

调料

盐、鸡粉、五香粉各 3 克，辣椒粉 5 克，料酒、生抽各 3 毫升，陈醋 4 毫升，食用油适量

做法

1. 将面粉加水和成面团，封上保鲜膜，醒面 20 分钟。

2. 将洗净的五花肉切丁，土豆和胡萝卜切片，豆腐切丁，木耳切小条；将鸡蛋液煎成蛋饼后切成丝。

3. 热锅注油烧热，放入猪肉丁，炒匀，放入葱白、姜末各一半，放入干辣椒、五香粉、料酒、生抽、陈醋、盐、鸡粉、辣椒粉，炒匀，制成臊子，备用。

4. 热油锅中爆香葱花、姜末，放入木耳、土豆、胡萝卜，加生抽、清水、豆腐、盐、鸡粉，焖 3 分钟，盛出。

7. 将醒好的面团擀成面饼，再切成面条，放入沸水锅中煮熟，捞入碗中。

8. 热锅注油，爆香青蒜苗，加陈醋、水、盐，烧开；将汤汁浇在面条上，放入食材、臊子、鸡蛋丝即可。

皇帝御膳——豆腐包子

豆腐包子是宝鸡市的传统名食。相传，清代康熙帝巡视甘肃和新疆的时候，途经宝鸡，当时已经告老还乡的阁老党崇雅，曾用段家豆腐包子向康熙帝敬献，康熙皇帝食后龙颜大悦，高度赞扬。从此豆腐包子名声大振，一直流传至今，食者都交口称赞。

这种包子是以面粉制皮，用豆腐丁加各种调料配馅，包制后蒸熟而成。其形如灯笼，美观悦目，食用时只要用手轻轻地一捏，包子的口就自然张开了，再灌入调好的味汁，其味更美。早餐吃豆腐包子，喝豆浆，那是再好不过了！

【在家做美食】

宝鸡豆腐包子

原料

小麦面粉 600 克，酵母粉 9 克，豆腐 450 克，虾米、蒜薹各 60 克，黄瓜 75 克，小葱 30 克，生姜 10 克

调料

盐 5 克，黄酱 35 克，胡椒粉 2 克，碱粉 1 克，食用油 35 毫升

做法

1. 将豆腐切丁，蒜薹切小段，小葱切葱花，黄瓜切丁，生姜切末。
2. 往备好的碗中倒入豆腐丁、蒜薹、黄瓜、葱花、虾米、姜末，加入盐、胡椒粉、黄酱、食用油，拌匀。
3. 备好一个玻璃碗，倒入小麦面粉、酵母粉、适量清水，拌匀后倒在面板上搓揉片刻；将碱粉中加适量清水，拌匀后将碱水抹在面团上。
4. 将面团揉成长条，扯成几个剂子，撒上适量面粉。
5. 将剂子压成饼状，擀成面皮，往面皮中放适量馅料，朝着中心卷至收口，制成包子生坯。
6. 往蒸笼屉上刷适量油，放上包子生坯，蒸至熟即可。

一个馕，一碗茶，一顿饭。

在新疆，馕是一种神圣的食品，

是饮食文化的代表，是生命力的延续。

人们用馕提亲，用馕馈赠亲朋，用馕宴请宾客。

在新疆，每一种馕都有许多花样，

每一种花样又有不同的名称。

馕是最朴实也是最实惠、最经济的一道美食。

无馕不成席

【美食情怀】

馕的外皮为金黄色，形如车轮，古代称为"胡饼""炉饼"。馕是维吾尔族群众日常生活中不可缺少的食品之一，也是其饮食文化中别具特色的一种食品。

在新疆，无馕不成席。沙漠里的人相信，有水有馕有生命，男方向女方提亲时也要带上五个馕。根据维吾尔族的婚俗，新娘被接到新郎家后，由长者来主持一个仪式，掰下两块干馕沾上盐水，让新郎新娘当场吃下，这表示从此就像馕和盐水一样，同甘共苦，白头到老……

馕以面粉为主要原料，一般做法与汉族烤饼相似。馕的品种很多，添加羊油的为油馕；用羊肉丁、孜然粉、胡椒粉、洋葱末等作料拌馅烤制的为肉馕；将芝麻与葡萄汁拌和烤制的称芝麻馕；另外还有窝窝馕、片馕、希尔曼馕等。

【老饕侃吃】

中午一个馕，一碗茶，就是一顿饭。馕的吃法可以说是形形色色，烤、炸、炖肉、泡奶茶是永恒的经典。爱好美食的伙伴可以多多尝试，并发掘它的更多吃法。

"

金黄酥脆的馕，再配上
一杯香浓美味的茶，简
单而又热情的西北风
情，是不是唤起了你内
心深处的向往？

馕

原料

面粉 ………… 500克
牛奶 ……… 250毫升
白芝麻 ……… 适量
发酵粉 ………… 3克

调料

白糖 ………… 8克
盐 ………… 5克
蜂蜜水 ……… 少许

做法

1. 将面粉、牛奶、白糖、盐、发酵粉装入碗中和匀，注意盐和白糖与发酵粉分开放。
2. 揉至面团光滑。
3. 将面团发酵至两倍大，并分成若干等份。
4. 用擀面杖擀两下后用手掌在面团中间向外推开。
5. 轻轻拉开，中间尽量薄些，边缘厚些，并用叉子在面片上均匀地扎上小孔。
6. 刷上蜂蜜水，撒上白芝麻，然后用勺子轻压芝麻，以防烤熟后掉落。
7. 放入预热的烤箱，以200℃烤15～20分钟至表面金黄即可。

● **小叮咛**：传统的馕是用馕炕（吐努尔）烤制而成的，自己在家做时用烤箱代替就可以了。馕馅也可以根据自己的喜好配置。

把美味的羊肉串带回家

西北小吃中最早为大家所熟知的，或许就是烤羊肉串了吧。烤羊肉串是新疆有名的民族风味小吃，在大江南北的任何城市，随处可见戴着瓜皮帽唱着歌大声叫卖的新疆人。他们热情如火的歌舞，配上香辣可口的羊肉串，就这样鲜明地印在了人们的心里。

除了在街头巷尾品尝羊肉串之外，自己在家也可以烤。买点儿新鲜的羊肉，加点儿盐、孜然粉、辣椒粉等腌渍一下，用烧烤架或烤箱，都可以烤，方便省事，而且还不用担心食品安全问题。

【在家做美食】

烤羊肉串

原料

羊肉丁 500 克

调料

烧烤粉 5 克，盐 3 克，辣椒油、芝麻油各 8 毫升，生抽 5 毫升，辣椒粉 10 克，孜然粒、孜然粉各适量

做法

1. 将羊肉丁装入碗中，放入少许盐、烧烤粉、辣椒粉、孜然粉、芝麻油、生抽、辣椒油。
2. 将食材搅拌均匀，腌渍 1 小时，至其入味，待用。
3. 用烧烤针将腌好的羊肉丁串成串，备用。
4. 在烧烤架上刷适量芝麻油。
5. 将羊肉串放到烧烤架上，用大火烤 2 分钟至上色。
6. 将羊肉串翻面，撒入适量孜然粒、辣椒粉，用大火烤 2 分钟至上色。
7. 一边转动羊肉串，一边撒入适量孜然粉、辣椒粉。
8. 将烤好的羊肉串装入盘中即可。

Part 3

俊美灵秀，
经典江南小吃

都说江南女子是温婉、柔软、充满诗情画意的，

江南美食，

也和江南的女子一样，

精致、小巧、甜蜜，

有着万种风情，

让人流连忘返。

去江南，赏美景、看美人、品美食，

迷醉在江南水乡。

小笼包，上海人喜欢称它为馒头。

当热气腾腾的蒸笼上桌，小笼包一下子跳入眼帘：

玲珑剔透、色泽如玉、小巧迷你、身材匀称，

连皮带陷，都透着别样的诱人。

一个小笼，汁水可溢满一勺，一上口便觉鲜香四溢。

这是上海小笼包的腔调，

也是上海人慢生活的情趣。

不一样的"馒头"

【美食情怀】

　　小笼包是常州、无锡、上海、南京、杭州、嘉兴、芜湖、徽州、嵊州等江南地区著名的传统小吃。小笼包其实是北方的叫法，上海江浙一带的人，叫小笼包是叫馒头的。上海著名的南翔小笼，招牌上写着的是"南翔馒头店"。南翔馒头店至今已有百余年历史，南翔小笼制作工艺非常讲究，要求皮薄、馅多、卤重、味鲜，而且一个包子规定要14个褶以上，一两面粉要制作十个，形如荸荠，呈半透明状、小巧玲珑，出笼时取一个放在小碟内，戳破皮汁满一碟为佳品。

　　小笼包的历史可上溯至北宋，其时就出现有类似的"灌汤包子"。清代道光年间，在今常州出现了现代形式的小笼包，并在各地形成了各自的特色，如常州味鲜、无锡味甜，但都具有皮薄卤足、鲜香美味等特点，并在开封、天津等地得到传扬。

【老饕侃吃】

　　小笼包皮薄馅多，如果一口咬下去，要么烫得直吐舌头，要么因大咬一口而汤汁尽失。正确的吃法是，先咬一口，咬出个小洞，就着吸吮，把汤汁美美地吸咂品味了，再吃包子的皮和馅儿。

"轻轻提、慢慢移、先开窗、后吸汤、蘸蘸醋、细细品、小心烫",是吃小笼包的要诀,你学会了吗?

上海小笼包

原料

高筋面粉····300克

低筋面粉····90克

生粉···········70克

黄奶油········50克

鸡蛋·············1个

肉胶··········150克

灌汤糕·······100克

姜末···········少许

葱花···········少许

调料

盐·············2克

鸡粉··········2克

生抽·······3毫升

芝麻油······2毫升

做法

1. 把肉胶倒入碗中，放入姜末、灌汤糕，加盐、鸡粉、生抽、葱花，拌匀，加入芝麻油，拌匀，制成馅料。

2. 把高筋面粉倒在案台上，加入低筋面粉，用刮板开窝，打入鸡蛋。

3. 碗中装少许清水，放入生粉，拌匀，加适量开水，搅成糊状，再加适量清水，冷却。

4. 把生粉团捞出，放入窝中，搅匀，加入黄奶油，搅匀，刮入高筋面粉，揉搓成光滑的面团。

5. 取适量面团搓成长条状，用刀切成数个剂子，再擀成包子皮。

6. 取适量馅料放在包子皮上，制成生坯。

7. 把生坯装入锡纸杯中，再放入烧开的蒸锅里，大火蒸8分钟，取出即可。

● 小叮咛：不想用手揉面的，也可以用面包机和面。皮要尽量擀薄，包入的肉馅要尽量多，这样蒸出来的包子才会皮薄馅多。

在上海吃生煎

【美食情怀】

和小笼包一样，生煎包其实也是北方的叫法，在上海江浙一带，其实它是叫"生煎馒头"。所谓生煎，其实就是发面小笼包子不蒸，一个个排好队、圆鼓鼓地放在平底煎锅上，加些油再加少许水，然后加上盖焖一焖，就煎熟了。

包子煎好后，店家通常会在上面撒上少许葱花或白芝麻。做好的生煎，底是焦黄的，硬香带脆，面身是白的，软而松，肉馅鲜嫩稍带卤汁，一口咬下去还有芝麻或葱的香味。

【在家做美食】

鸡汁生煎包

原料

面粉 200 克，酵母 5 克，鸡脯肉末、瘦肉末各 50 克，皮冻 100 克，鸡蛋液 30 克，生粉 20 克，葱花、姜末各 4 克

调料

盐、鸡粉各 3 克，十三香粉 2 克，生抽 3 毫升

做法

1. 将 150 克面粉倒入碗中，加入酵母，边注入适量清水边朝同一个方向搅拌。

2. 将拌匀的面粉倒在台面上，撒上适量面粉，按压成面团，封上保鲜膜，醒面 60 分钟。

3. 将皮冻切片，切条，再切碎。

4. 碗中放入鸡脯肉末、瘦肉末、鸡蛋液、皮冻、姜末、葱花、盐、鸡粉、生抽、十三香粉、生粉，拌匀，制成馅料。

5. 取出面团，制成数个面饼，往面饼上撒适量面粉，用擀面杖擀成包子皮。

6. 往包子皮上放入馅料，捏成包子状。

7. 将包子放入热锅中，注入适量清水，加盖焖 10 分钟后取出即可。

一碗怀乡碎"片"

片儿川在杭州已有百年历史，最早由杭州老店奎元馆创制。奎元馆的片儿川烹调与众不同，先将猪腿肉、笋肉分别切成长方薄片，雪菜切成碎末。锅置火上，下猪油烧化后下肉片略煸，再投入笋片，加酱油略煸，然后放雪菜和适量沸水炒匀，略煮后即成浇头出锅。与此同时，将面条放入另一沸水锅中煮熟，迅速捞出沥干，倒回炒浇头的锅中，加入味精、猪油，起锅，盖上浇头即成。

片儿川面滑汤浓，肉片鲜嫩，笋菜爽口，让食客吃后回味无穷。

【在家做美食】

片儿川

原料

碱面 400 克，猪里脊肉、冬笋各 80 克，雪菜 60 克，葱花适量

调料

盐 3 克，生粉、鸡粉各 2 克，料酒、老抽各 3 毫升，胡椒粉适量，食用油少许

做法

1. 将猪里脊肉切薄片，加生粉、1 克盐、2 毫升老抽、料酒，搅匀。

2. 备好的冬笋切成片。

3. 将碱面下入沸水锅中煮至半熟，捞出过凉水备用。

4. 锅中注油烧热，下入肉片，扒熟后捞出，底油留在锅底。

5. 锅内下入雪菜和笋片，翻炒均匀，加入适量清水，加 2 克盐、1 毫升老抽，拌匀，大火煮至沸腾后转小火，煮 10 分钟。

6. 下入面条，再次煮至沸腾，下入肉片，加鸡粉、胡椒粉调味，稍煮即关火。

7. 将食材盛入碗中，撒上葱花即可。

爱吃葱油爱吃面

葱油拌面是上海的一道特色招牌美食。葱油拌面的做法很简单，材料也不复杂。通常要把锅里先放油烧热，放入切好的葱段，慢慢煎，直到葱段变得焦黄，然后放上酱油、白糖，炒到葱段发黑。将面煮好后捞入碗里，倒上葱油和酱油，拌透了就可以吃了。讲究的要用黄酒泡发的开洋（虾米），炒成脆脆的，放在里面一起吃。吃葱油拌面，葱香扑鼻，面条因为裹了油，也特别爽滑，很快一碗面就见了底。

【在家做美食】

葱油拌面

原料

面条适量，香葱1根，香菜少许

调料

生抽、白糖、食用油各适量

做法

1. 将适量香葱去根洗干净，部分切成葱段，部分切成葱花。
2. 用吸油纸吸干葱段上的水分。
3. 锅中注油烧热，放入葱段，小火慢慢熬，直至葱段变成金黄色。
4. 放入生抽、白糖，继续熬，直至葱段变成黑色，白糖融化。
5. 关火，捞出葱段，留葱油，装碗备用。
6. 将备好的面条放入开水锅中煮熟后捞出，放入碗中。
7. 加上新鲜的葱花和香菜，拌匀即可。

当鸭血遇见粉丝

南京的鸭肴已有1400多年的历史，鸭血汤是鸭血粉丝汤的雏形，里面放有鸭血、鸭肠、鸭肝、鸭胗等食材，清朝时期，有人将粉丝放入鸭血汤内，汤汁芳香四溢，卖相极佳，由此产生鸭血粉丝汤。

鸭血粉丝汤又称鸭血粉丝，是江苏省南京市的风味小吃，是由鸭血、鸭胗、鸭肠、鸭肝等加入鸭汤和粉丝制成的。鸭血粉丝汤以其口味平和、鲜香爽滑的特点，以及南北皆宜的口味特色，风靡于全国各地。

鸭血粉丝汤

原料

鸭血 50 克，鸡毛菜 100 克，鸭胗 30 克，粉丝 70 克，八角 2 个，高汤适量

调料

鸡粉 2 克，胡椒粉、料酒、盐各适量

做法

1. 锅中注水烧开，放入盐、八角、料酒、鸭胗，盖上锅盖，将鸭胗煮熟，再捞出，切成片。
2. 将粉丝用开水泡发烫软。
3. 锅中倒入高汤煮开，加入盐，拌匀，放入鸭血，搅拌片刻。
4. 将鸭血煮熟后捞出，再下入粉丝，烫熟后盛入碗中，摆放上鸭血。
5. 将鸡毛菜放入汤内，加入鸡粉、胡椒粉，拌匀。
6. 将鸭胗片、鸡毛菜摆在粉丝上，浇上汤即可。

「三个蟹壳黄，两碗绿豆粥，

吃到肚子里，同享无量福。」

是谁把这种小烧饼称作蟹壳黄的，已无从考证。

但其美味却已流传。

当层层叠叠的酥面，散落入嘴，

幸福的感觉油然而生，

令人不禁感慨：是『小时候的味道』！

一只特别的"烧饼"

【美食情怀】

　　蟹壳黄，旧时老上海的一种吃食，也是江苏常州传统风味小吃。蟹壳黄因其饼形似蟹壳，熟后色泽如蟹壳背而得名。蟹壳黄是用油酥加酵面作坯，先制成扁圆形小饼，外沾一层芝麻，贴在烘炉壁上烘烤而成。此饼咸甜适口、皮酥香脆，有人写诗赞它"未见饼家先闻香，入口酥皮纷纷下"。

　　蟹壳黄的馅心有咸、甜两种。甜的主要以白糖猪油做馅，也有放玫瑰、枣泥、豆沙的；咸的以猪肉丁为主，考究的则要加进蟹粉、虾仁等。

　　早期上海许多茶楼的店面处，大都设有一个立式烘缸和一个平底煎盘炉，边做边卖两件小点心——蟹壳黄和生煎馒头。蟹壳黄香酥，生煎馒头鲜嫩，深受茶客喜爱。20世纪30年代后期，出现了单卖蟹壳和生煎馒头这两个品种的专业店，如黄家沙、大壶春、吴苑等，名噪一时。

【老饕侃吃】

　　蟹壳黄可以当作小点心，入口那变酥皮的面粉一层一层的，增添口味的面酱又是酥层，再加上金黄色的芝麻，满嘴酥松喷香，令人赞口不绝！

用炉火烤出来的蟹壳黄
香酥味美，在家用烤箱
烘烤也不赖。一口蟹壳
黄，再配上一杯咖啡或
乌龙茶，美味加倍。

蟹壳黄

原料

（油皮）

高筋面粉·········150克

猪油·············40克

干酵母粉··········2克

（油酥）

低筋面粉·········135克

猪油·············70克

（馅料）

猪油·············50克

白糖············100克

红豆沙馅··········适量

全蛋液···········适量

白芝麻···········适量

做法

1. 做油皮：将干酵母粉加入75克温水中，搅匀至溶化，静置5～10分钟；将酵母水倒入高筋面粉中，搅匀，加入40克猪油，揉成面团，盖上保鲜膜，静置1小时。

2. 做油酥：将低筋面粉筛入碗中，加猪油，揉成面团。

3. 做馅料：将50克猪油、100克白糖、红豆沙馅一同倒入大碗中，拌匀成馅料。

4. 将油皮和油酥面团分别分割成20等份，并逐一搓圆。

5. 取一小块油皮用擀面杖擀成面皮，在中间放一个油酥面团，收口，使油皮将油酥整个盖住，滚成光滑面团。

6. 将面团擀成牛舌状，卷成卷。依次做完剩下的材料。

7. 取一个面卷，对半切开，并竖直放置，年轮面朝上，用手稍稍按压，然后用擀面杖擀成圆形饼皮。

8. 取约20克馅料搓成圆球状，放入饼皮中间，将饼皮包起收口朝下，稍稍按压，整理成圆形饼坯。

9. 将饼坯码入烤盘，用刷子在表面刷上一层全蛋液，撒上白芝麻，然后放入烤箱中，以上火180℃、下火160℃，烤约25分钟即可。

● **小叮咛**：红豆沙馅也可以根据个人口味换成黑芝麻、咸猪肉或梅干菜等馅料。夏天天气炎热时，猪油馅混合好后要放入冰箱冷藏备用，以免温度过高猪油融化不易操作。

吃年糕，"年年高"

炸年糕是江南地区著名的小吃，是用黏性大的米或米粉蒸成的糕，是农历年的应时食品。所用材料包括黄米、水、花生油、白糖、豆酱等。年糕有黄、白两色，象征金银，前人有诗云："年糕寓意稍云深，白色如银黄色金。年岁盼高时时利，虔诚默祝望财临。"年糕又称"年年糕"，与"年年高"谐音，寓意着人们的工作和生活一年比一年更好。

多少年来，每逢过年，家家户户都要用舂米做年糕。但要论出名，当属宁波慈城年糕。慈城年糕，外观洁白细腻，口感柔滑，糯而不粘，嚼之爽利，富有弹性，浸煮不化。

【在家做美食】

炸年糕

原料

年糕200克，鸡蛋2个，辣椒面、蒜末、葱花、香菜各少许

调料

盐2克，酱油5毫升，食用油、淀粉各适量

做法

1. 年糕切成等量的小块，放入热水中煮软，捞出。
2. 小碗中放入淀粉，将年糕放入裹匀。
3. 鸡蛋中加入盐，拌匀成蛋液，放入年糕，使之均匀地裹上蛋液。
4. 锅中注油烧至七分热，放入裹上蛋液的年糕。
5. 待炸至金黄色，捞出控油，装入盘中。
6. 酱油中拌入辣椒面、蒜末、葱花与香菜，食用时蘸取即可。

莫负春光，且吃春饼

【美食情怀】

春卷，又称春饼、薄饼，是民间传统的节日食品。春卷流行于中国各地，江南尤盛。《通俗编·四时宝鉴》中记载："立春日，唐人作春饼生菜，号春盘。"春盘即春饼，又称春卷。北方人烙春饼，南方人炸春卷。人们以吃春饼的方式欢喜迎春，感受天地万物的复苏，重生如初。

沪滨食俗，过年要吃韭黄肉丝春卷。沪郊还有早春季节吃荠菜春卷的习俗。这种油炸食品具有外皮酥脆、馅心软嫩、颜色金黄、鲜香美味等特点，深受百姓喜爱。

【在家做美食】

上海春卷

原料

绿豆芽 110 克，肉末 60 克，新鲜香菇 80 克，姜末、葱末各 5 克，春卷皮 2 张，水发粉丝 100 克

调料

盐、鸡粉各 3 克，料酒、生抽各 3 毫升，食用油、水淀粉各适量

做法

1. 洗净的新鲜香菇去蒂，切成丝。
2. 热锅注油烧热，放入肉末炒香，放入葱末、姜末、绿豆芽、香菇，翻炒均匀。
3. 放入料酒、生抽，炒匀，放入粉丝翻炒，放入盐、鸡粉，炒匀。
4. 将炒好的食材盛出锅，凉凉待用。
5. 往备好的春卷皮中放入食材，卷起来，在春卷两边抹上水淀粉，捏紧两边，制成春卷。
6. 热锅注油，放入春卷，油炸 3 分钟，至其呈金黄色。
7. 关火，捞出炸好的春卷，放在案板上，用刀切开，装盘即可。

记忆中的糖芋头

桂花糖芋头一般指桂花糖芋苗。桂花糖芋苗是南京的著名传统甜点，属金陵菜、金陵小吃，和桂花蜜汁藕、梅花糕、赤豆酒酿小圆子一同被誉为金陵南京四大最有人情味的街头小食。

选用新鲜芋苗，即芋头，蒸熟后剥皮，加上特制的桂花糖浆，放在大锅里慢慢熬制。光洁的芋苗口感润滑爽口、香甜酥软，汤汁鲜亮诱人，散发着浓郁的桂花香，吃后唇齿留香。还可以根据个人口味加入藕粉或糖。

【在家做美食】

桂花糖芋头

原料

糖桂花 30 克，去皮芋头 560 克

调料

红糖 10 克

做法

1. 将洗净去皮的芋头用球勺挖成一个个球，待用。
2. 锅中注入适量清水煮沸。
3. 放入处理好的芋头，加入红糖，煮开，搅拌一会儿。
4. 盖上锅盖，用小火煮 30 分钟，煮至熟软。
5. 揭开锅盖，将芋头糖水盛入备好的碗中。
6. 浇上糖桂花，搅拌均匀即可。

悠悠春日，青青团子

青团是一种碧绿色的团子，是江南地区的传统特色小吃，常被当作清明节与寒食节的节日食品。青团是用艾草的汁拌进糯米粉里，再包裹进豆沙馅儿或者莲蓉制成的，不甜不腻，香糯可口，带有清淡却悠长的艾草香气。

如今，全国各地都有青团，人们更多地把它当作一种春游小吃。外面店里做青团，有的采用浆麦草，有的采用青艾汁，也有用其他绿叶蔬菜汁和糯米粉捣制再以豆沙为馅制成的。想要吃青团，自己在家做也不失为一个好方法。

【在家做美食】

青团

原料

糯米粉 200 克，红豆馅 100克，黏米粉、澄粉各 30 克，艾草叶 20 克

调料

白糖 30 克，猪油适量，食用油少许

做法

1. 将糯米粉、黏米粉、澄粉放入盆中，混匀。

2. 艾草叶加适量水煮至深绿色，捞出，加入白糖，煮溶，备用。

3. 艾草汁拌入粉类中，拌匀至无干粉的状态，加入适量猪油，揉成面团。

4. 将面团分成等量的团子，红豆馅分成比糯米团小一点的团子。

5. 把糯米团用手按扁，放入红豆馅，慢慢边包边往上推糯米团，直到把红豆馅完全包住。

6. 盘中刷一层食用油，放入青团，将盘子放入烧开的蒸锅中，蒸 15 分钟，取出即可。

"都不老"的豆腐脑

【美食情怀】

　　豆腐脑全国各地都有，有甜、咸两种吃法，口味分布多以地域为界。甜食就是加入糖，咸食则会加入各种浇头。

　　什锦豆腐脑（南京话叫"豆腐涝"）是南京著名小吃，又称"都不老"。南京人吃小吃喜欢有个说法，这一点在豆腐涝这个朴实的小吃上也得到了验证。据说，这豆腐涝，年轻人吃了健脑补脑，老年人吃了延年益寿，为了讨口彩，店家还在里面加入什锦菜，就是前程似锦的意思。

【在家做美食】

什锦豆腐脑

原料

水发黄豆 140 克，葡萄糖内酯 5 克，紫菜 10 克，榨菜、虾皮各 30 克，葱花少许

调料

生抽少许

做法

1. 备好豆浆机，倒入泡发好的黄豆。
2. 注入适量的清水，至最低水位线。
3. 加盖，选定"快速豆浆"。
4. 按"启动"键，开始打浆。
5. 将打好的豆浆滤入热锅中。
6. 倒入葡萄糖内酯，拌匀至煮开。
7. 将煮好的豆浆盛入碗中，让其冷却，即成豆腐脑。
8. 将其他食材摆放在豆腐脑上，淋上生抽即可。

酒酿好甜

　　甜酒酿是江南地区传统小吃，是用蒸熟的糯米拌上酒酵（一种特殊的微生物酵母）发酵而成的一种甜米酒。酒酿也叫醪糟、甜酒、甜米酒、糯米酒、酒糟。

　　吃甜酒酿的时候要连米带酒一起吃，可以在发酵后生吃，也可以加水煮开了吃，还可以在煮的时候放入鸡蛋，或者红糖、桂花糖等。甜酒酿由于酒精度过低，一般不会吃醉。假如继续发酵，米就不能吃了，酒精含量也高了，单把汁水榨（有的地方是蒸馏）出来就是米酒。

【在家做美食】

甜酒酿

原料

糯米 250 克，甜酒粉 15 克

做法

1. 将糯米淘洗干净，于清水中浸泡约 12 小时，捞入碗中。

2. 电蒸锅注水烧开，放入泡好的糯米，蒸 30 分钟至糯米熟软，取出蒸好的糯米。

3. 将糯米放入盆中，用清水浇淋，适当搅拌，当糯米饭降至微热时，沥干水分。

4. 将糯米饭倒入另一盆内，把饭粒拨至松散，将甜酒粉均匀地撒在糯米饭上，混匀。

5. 取出干净的罐子，放入拌匀的糯米饭，用勺子在糯米中间压出一个坑，以便盛放酿出的甜酒。

6. 盖上盖，用干净的纱布裹紧罐子，静置发酵（温度一般保持在 34 ~ 38℃），24 小时后即可取出食用。

Part 4

川香四溢，
经典川渝小吃

历史悠久的天府之国，

滋味百变的天府美食，

川渝小吃不愧有"舌尖上的美食"的称号。

从选材，到配制，

再到调味，

让我们与川渝小吃来一场美味之约。

窥见川菜的本味模样，

忆起一座城市的味道。

走街串巷的担担面

　　担担面是四川成都著名的传统面食小吃。"担担"其实是一种卖面方式，早年四川的面贩总是挑着一条扁担，一头挑着煤炉和铁锅，另一头挑着碗筷、调料和洗碗的水桶，晃晃悠悠地沿街叫卖："担担面……担担面……"如今多已改为店铺经营了，但这一称呼却沿用了下来。

　　担担面是在面条的基础上加上辣椒油及红酱油、味精、葱花等多种调料，再浇上精制的臊子制成。对于喜食辣味的四川人来说，担担面已经完全融入他们的生活了，对于其他地区的人而言，担担面也是一道爽辣的美味。

【在家做美食】

担担面

原料

碱水面 150 克，瘦肉 70 克，生菜 50 克，生姜 20 克，葱花少许

调料

上汤 300 毫升，盐 2 克，鸡粉少许，生抽、老抽各 2 毫升，辣椒油 4 毫升，甜面酱 7 克，料酒、食用油各适量

做法

1. 将去皮洗净的生姜、瘦肉剁成末。
2. 锅中注水烧开，倒入食用油，放入生菜，煮片刻，捞出备用。
3. 把碱水面放入沸水锅中，搅散，煮约 2 分钟至熟。
4. 把煮好的面条捞出，盛入碗中，凉凉，再放入生菜。
5. 用油起锅，放入姜末，爆香，倒入肉末，炒匀。
6. 淋入料酒，翻炒匀，倒入老抽，炒匀调色。
7. 加入上汤、盐、鸡粉，淋入生抽、辣椒油，拌匀。
8. 加入甜面酱，拌匀，煮沸。
9. 将味汁盛入面条中，最后撒上葱花即可。

先甜后辣的甜水面

　　甜水面是成都的特色小吃，因为重用复制酱油，口味回甜而得名。地道的甜水面面条如小手指一般粗细，上面撒着调味料；拌匀之后，面条泛着红亮的油光；吃到嘴里，先是甜香，后是麻辣，细品之下，面条滑爽绵韧的口感和调味的丰富逐渐显现出来，吃起来十分过瘾；吃完之后，面颊泛红，口留余香，很是爽快。

　　甜水面的面条在揉的时候要放入少量盐，这样不仅能增加面条的韧性，也能使煮熟的面条尽管粗，却不会外咸里淡，造成味觉的不平衡。

甜水面

原料

高筋面粉 200 克，黄豆粉 15 克，蒜末、葱花各少许

调料

白糖 2 克，生抽、陈醋、辣椒油各 5 毫升，芝麻酱 5 克，花椒油 4 毫升，芝麻油 10 毫升，盐、鸡粉、食用油各少许

做法

1. 取一碗，倒入高筋面粉，加少许盐和清水，混匀。
2. 用手和面，包上保鲜膜，醒 30 分钟。
3. 取一个小碗，倒入黄豆粉、蒜末，加入少许盐、鸡粉、白糖、生抽、陈醋，再倒入芝麻酱、辣椒油、花椒油、芝麻油，搅成酱料。
4. 取出醒好的面团，去除保鲜膜，用擀面杖擀成面皮。
5. 将面皮叠成几层，切成大小均匀的条，撒上少许面粉，待用。
6. 锅中注水烧开，倒入面条，搅拌片刻，大火煮至熟软。
7. 捞出面条，沥干水分倒入碗中，淋入少许食用油，快速搅拌均匀。
8. 取一个碗，倒入面条，浇上酱料，撒上葱花即可。

与身材健壮的北方水饺不同，

灵秀小巧是人们对钟水饺的第一印象，

简单实在的纯肉内里，

形如月牙的白嫩外表，

用红油味汁热情地包裹，

散发着诱人的气息，

让人恨不得立即塞到嘴里去。

红油包裹的钟水饺

【美食情怀】

钟水饺为成都的著名传统小吃，相传创制于1893年，由名叫钟燮森（字少白）的小贩制作经营，后设店于荔枝巷，因为其调味重红油，故又被称为"荔枝巷红油水饺"。

钟水饺形如月牙、个头小巧，十个水饺才一两，与北方水饺相比多了一份小巧灵秀。钟水饺具有皮薄馅嫩、料精味鲜的特色，其秘诀就在选料与调味上。钟水饺所用馅料全为精猪肉，不加其他鲜菜，这也是钟水饺与北方水饺的一大不同之处；红油是用成都有名的"二荆条"红辣椒面加菜油炼制而成，一小碗钟水饺除了加红油，还由特制的酱油、芝麻油、蒜泥汁、盐、味精等多种调料精心调配而成。香味浓郁、色泽红亮的调料，与饱满馅心的清鲜味相配搭，形成微甜带咸，兼有辛辣的独特味道。

【老饕侃吃】

品尝钟水饺之前，将一碗十个小小的水饺和红油充分搅拌，让红油热情地包裹住每一个小巧鲜嫩的水饺。白里透红的饺子散发着诱人的香气，让人食指大动。

"

没有丰富的馅料，没有
挺拔的外形，就这样一
个扁扁小小、安安静静
的纯肉馅水饺，却在成
都红了上百年。

钟水饺

原料

肉胶 ………… 80克

蒜末 ………… 适量

姜末 ………… 适量

花椒 ………… 适量

饺子皮 ……… 数张

调料

盐 …………… 2克

鸡粉 ………… 2克

芝麻油 ……… 2毫升

生抽 ………… 4毫升

做法

1. 花椒装入碗中，加适量开水，浸泡10分钟。

2. 肉胶倒入碗中，加入姜末、花椒水，拌匀。

3. 放盐、鸡粉、生抽，拌匀。

4. 加芝麻油，拌匀，制成馅料。

5. 取适量馅料，放在饺子皮上。

6. 收口，捏紧，制成饺子生坯。

7. 锅中注入适量清水烧开，放入饺子生坯，煮约5分钟至熟。

8. 取小碗，装少许生抽，放入蒜末，制成味汁。

9. 把煮好的饺子捞出装盘，用味汁佐食即可。

● 小叮咛：要想吃到配料浓香的钟水饺，在捞出水饺的时候，就要充分沥干水，以免稀释了调料，使得调料味淡，风味不突出。

面条就要"燃"起来

【美食情怀】

燃面是宜宾美食的招牌，原名叙府燃面，早在清朝光绪年间，便开始有人经营，一直延续至今，成为宜宾具有传统特色的名小吃。因其油重无水，引火即燃，故名燃面。

宜宾燃面的选料及调味均十分讲究，选用当地优质水面条为主料，以宜宾黄芽菜、小磨麻油、芝麻、花生、核桃、辣椒、花椒、味精及香葱等为辅料，将面煮熟，捞起甩干，去除碱味，再按传统工艺加油作料即成，面条松散红亮、香味扑鼻、辣麻相间、味美爽口，可谓巴蜀一绝。

【在家做美食】

燃面

原料

碱水面 130 克，花生米 80 克，芽菜 50 克，肉末 30 克，葱花少许

调料

盐 3 克，鸡粉 2 克，生抽 5 毫升，料酒 4 毫升，水淀粉、芝麻油、辣椒油、食用油各适量

做法

1. 热锅注油，烧至四成热，倒入花生米，炸约 1 分 30 秒至其熟透，捞出花生米，沥干油，放凉待用。

2. 把放凉的花生去除外衣，用杵臼捣成花生末，待用。

3. 锅中注水烧开，放入碱水面，加入盐，拌匀，煮至碱水面熟软，捞出碱水面，沥干水分，待用。

4. 用油起锅，倒入肉末，炒至变色；加入生抽，炒匀，放入芽菜，炒香。

5. 淋入料酒，炒匀，注入少许清水，拌匀，加入盐、鸡粉，炒匀调味，用水淀粉勾芡。

6. 关火后盛入装有面条的碗中，撒上葱花、花生末。

7. 加入生抽、芝麻油、辣椒油，拌匀调味，盛出即可。

一碗爽口米凉粉

【美食情怀】

米凉粉是成都的传统风味小吃，与由淀粉制成的豌豆凉粉、绿豆凉粉等不同，米凉粉是由籼米加水磨浆，再用石灰水点卤使之凝固而成的。吃之前，切成薄片、粗条或小方丁，放入漏勺里，在开水中烫热，捞出盛在浅盘中，再淋上精心调制过的香辣调料，加上葱花、蒜泥、芽菜等调味，即成让人爱不释口的美味。咬一口只觉口感软滑，细细品尝有一种米制品特有的米香味，在口中回味长久。在夏令时节吃上一碗米凉粉，尤其觉得爽口入味，意犹未尽。

【在家做美食】

米凉粉

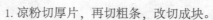

原料

凉粉 500 克，榨菜 30 克，葱花 5 克，豆豉 20 克

调料

生抽 5 毫升，鸡粉、白糖各 3 克，豆瓣酱 20 克，食用油适量

做法

1. 凉粉切厚片，再切粗条，改切成块。
2. 榨菜、豆豉剁碎。
3. 沸水锅中倒入凉粉，焯片刻。
4. 将焯好的凉粉捞出，放入盘中待用。
5. 热锅注油烧热，倒入豆豉、豆瓣酱炒香。
6. 加入鸡粉、白糖，炒匀，制成酱料。
7. 将制好的酱料盛出，盖在凉粉上，淋上生抽。
8. 放上榨菜碎、葱花即可。

麻辣鲜香重庆小面

说到重庆美食，可能许多人脑海中首先浮现的是红通通的重庆火锅，但还有一种比火锅更亲民的特色小吃，那便是重庆小面。重庆人对重庆小面的热爱不亚于火锅，亲密度更是有过之而无不及。许多重庆市民的一天，都是从一碗麻辣鲜香的重庆小面开始的。

重庆小面是指以葱、蒜、酱、醋、辣椒调味的麻辣素面，味道麻辣但调和不刺激，面条劲道顺滑，汤料香气扑鼻、味道浓厚。吃上它，能让你感受到满满的山城情怀，身心都十分舒畅。

【在家做美食】

重庆小面

原料

面条 280 克，上海青 60 克，白芝麻、花生碎各 2 克，辣椒粉 1 克，姜末、葱花、蒜末各 5 克，香菜碎 3 克

调料

盐、鸡粉各 3 克，生抽、陈醋各 3 毫升，高汤 600 毫升，食用油适量

做法

1. 将洗净的上海青去头，切成小段。
2. 热锅注油烧热，放入葱花、姜末、蒜末、辣椒粉、白芝麻，爆出香味。
3. 将食材制成油辣子，盛入备好的碗中待用。
4. 热锅注水煮沸，放入面条，搅拌一会儿，煮至熟软。
5. 放入上海青，煮熟。
6. 在备好的碗中放入油辣子、盐、鸡粉，倒入生抽、陈醋，搅拌均匀。
7. 将面条、上海青捞起，放入备好的碗中，注入高汤，搅拌均匀。
8. 撒入花生碎、香菜碎即可。

好巴适的酸辣粉

　　酸辣粉是四川、重庆地区的传统名小吃。说起它的来历，相传是刘关张桃园结义时，桃园主人用红薯粉做主料，加入小尖椒、酸菜、红糖与黄莲，为他们做了一碗粉，寓意三人的友情像粉条一样绵长，酸甜苦辣都不怕，后渐渐演变为"酸辣粉"。

　　酸辣粉突出"麻、辣、鲜、香、酸且油而不腻"的特色。吃的时候要趁热，先把碗中的粉与调料充分搅拌，然后捞起粉用力一吸，粉就"滋溜滋溜"进了嘴里，又酸又辣又烫的口感立刻充盈口腔，让人巴适得很。

【在家做美食】

酸辣粉

原料

生菜 40 克，水发红薯粉 150 克，榨菜 15 克，肉末、花生米各 30 克，白芝麻 5 克，水发黄豆 10 克，香菜少许

调料

盐、鸡粉各3克，胡辣粉2克，生抽8毫升，辣椒酱10克，水淀粉、陈醋、辣椒油、食用油各适量

做法

1. 锅中注水烧开，加少许油，放入生菜焯至断生，捞出。倒入红薯粉，加盐、鸡粉，拌匀，煮至其断生后捞出。

2. 锅中注水烧开，加入鸡粉、盐、陈醋、辣椒油、胡辣粉、生抽，大火煮至沸，调成味汁，盛出待用。

3. 热锅注油烧热，倒入花生米，用小火炸至香脆，捞出沥油。锅底留油烧热，倒入肉末，炒至变色，加入生抽，炒匀，放入辣椒酱，炒匀。

4. 放入黄豆、榨菜，炒匀后加少许清水拌匀，煮沸，加入鸡粉、盐，拌匀调味，用水淀粉勾芡，关火待用，制成酱菜。

5. 取红薯粉，放上生菜，盛入味汁、酱菜，撒上花生米、白芝麻，点缀上香菜即可。

酸辣咸鲜花样豆花

　　酸辣豆花是四川成都、乐山等地有名的小吃。制作豆花需要先将黄豆泡涨细磨为浆，过滤掉豆渣，烧沸后加入调好的石膏水，静置让其凝结成白嫩细软的豆花。

　　酸辣豆花是豆花的一个品种，用酱油、醋、辣椒面、味精、芝麻油调成味汁，放入事先熬烫的豆花，撒上芽菜末、油酥黄豆、大头菜末和葱花即成。尝上一口，只觉酸辣咸鲜，豆花细嫩，配料酥香，味浓滚烫。自己在家做可根据个人喜好选择调料和辅料，做出别有风味的酸辣豆花。

【 在家做美食 】

酸辣豆花

原料

豆花 500 克，蒜末、葱花各 5 克，炸花生米 20 克

调料

白糖 2 克，芝麻油 2 毫升，生抽、醋、辣椒油、花椒油各 5 毫升，盐、鸡粉、食用油各适量

做法

1. 取一个小碗，倒入蒜末，加入少许盐、鸡粉、白糖、生抽、醋。
2. 倒入备好的辣椒油、花椒油、芝麻油，搅拌均匀，制成味汁，待用。
3. 锅中注入适量清水，加盐、鸡粉拌匀。
4. 淋入食用油，拌匀烧开。
5. 倒入豆花，煮 3～5 分钟至入味。
7. 舀出豆花，沥干水分，盛入碗中。
8. 豆花上浇上调好的味汁，撒上炸花生米、葱花即成。

蓉城经典龙抄手

抄手是四川、重庆地区的人们对馄饨的特殊叫法。"龙抄手"的得名并非老板姓龙，而是创办人与其好友在当时的"浓花茶园"商议开抄手店，切磋店名时，取"浓"的谐音"龙"为名，也寓有"龙"腾虎跃、生意兴"隆"之意。龙抄手作为成都著名的传统小吃，迄今已有70余年的历史。

龙抄手皮薄、馅嫩、汤鲜，抄手皮"薄如纸、细如绸"，肉馅细嫩滑爽、香醇可口，原汤色白浓香，还有红油、酸辣等多种味道，这也使得龙抄手成为了蓉城小吃的佼佼者。

【在家做美食】

龙抄手

原料

抄手皮60克，猪肉末150克，葱花少许

调料

高汤800毫升，盐6克，鸡粉3克，胡椒粉2克，芝麻油2毫升，姜汁适量

做法

1. 猪肉末装碗，加盐、姜汁、胡椒粉、鸡粉，调匀。
2. 加入适量清水，搅匀，加入芝麻油，拌匀，制成馅料。
3. 备好一碗清水，取一张抄手皮，用手指轻轻沾上适量的清水，往其四周划上一圈。
4. 取适量的馅料放在皮上，对叠成三角形，再把左右角向中间叠起黏合，成菱角形抄手生坯。
5. 将剩下的抄手皮和馅料按照相同的方式制作成抄手生坯，放在盘中待用。
6. 锅中注水烧开，倒入抄手生坯，煮至其上浮，捞出。
7. 锅中水倒掉，倒入高汤，煮至沸腾，放入适量盐、胡椒粉和鸡粉，调匀。
8. 将调好的高汤倒入抄手碗中，撒上葱花即成。

Part 5

百变美味，
滇桂黔特色小吃

得天独厚的区位优势，
造就了它们鲜明的个性，
可能相对"小众"，
但丝毫不损其美味。
它们就是滇桂黔小吃，
或鲜、或麻、或辣、或怪。
避开拥挤的人群，
跟着我们一起去"探索"一下它们吧！

那一碗过桥米线表面看似波澜不惊，

浮油之下却有着一颗滚烫的心，

各种薄切的食材在滚热的汤中翻滚浮沉，

就着汤送入口中，

几近沸腾的热度温暖滋润着身心，

犹如其典故中的爱情，

平淡中蕴含着心炽热。

包裹着浪漫的过桥米线

【美食情怀】

过桥米线是滇南地区特有的小吃，由汤料、主料、作料、米线四部分组成，主料是一碟一碟的肉片、鱼片、鹌鹑蛋、豌豆尖、韭菜等食材。一大碗浮油封面的汤料，表面看似波澜不惊，实则内里滚烫。将各种薄切的食材徐徐放入滚热的汤中，用筷子搅动翻滚，不一会儿食材烫熟，大碗内呈现五色交映的动人景象，鲜香扑鼻，清爽适口，令人胃口大开。倘若不是亲自尝试，你真的很难相信一碗米线也可以吃得跟宴席一样丰盛。

相传，明末清初的时候，一位贤惠的妻子经常熬制鸡汤配着细滑的米线为苦读的丈夫送饭，丈夫有感于妻子的爱意，因妻子每次送饭都需过一座桥，遂给此膳起名"过桥米线"。如今的过桥米线虽经过历代滇味厨师不断改进创新，其平淡中蕴含的这份温柔却依然如故。

【老饕侃吃】

过桥米线配料下入汤里时讲究"先来后到"：先将生肉、海鲜倒入，再放鹌鹑蛋，并用筷子轻轻拨动，好让食材烫熟，再放入蔬菜、豆腐皮等，最后放入米线。

这一碗汤中下入食材和
米线后，红白绿黄交
映，颜色十分好看，被
浓汤泡透后鲜美无比。

过桥米线

原料

水发米线····150克

猪里脊肉·······30克

鸡胸肉··········30克

鱼肉···········30克

豆腐丝·····25克

豆芽··········25克

韭菜··········25克

鹌鹑蛋·········1个

香菜末·······适量

葱花·········适量

鸡汤······800毫升

调料

鸡油··········50克

盐··········适量

胡椒粉·······适量

食用油·······适量

做法

1. 把猪里脊肉、鸡胸肉、鱼肉切成薄片，装入盘中待用。

2. 洗净的豆芽、韭菜切段，鹌鹑蛋打入小碟中，待用。

3. 锅中注入适量清水烧开，倒入泡发好的米线，拌匀，煮约1分钟至熟软，盛出待用。

4. 把鸡油放入锅中，倒入少许食用油，搅拌均匀，用小火熬制约半分钟。

5. 另取砂锅置于火上，倒入鸡汤，加入适量盐、胡椒粉，调匀，煮至沸腾。

6. 将鸡油倒入砂锅中。

7. 依次往汤中放入猪肉片、鸡肉片、鱼肉片、鹌鹑蛋，稍煮片刻。

8. 放入豆腐丝、豆芽、韭菜、米线，略煮片刻，撒上香菜末、葱花即成。

● 小叮咛：正宗的过桥米线，鱼、肉类食材要切得薄至透明才能在汤中烫熟，自己在家做如果刀工不过关，为了保证饮食卫生，还是建议采用上述做法，同样滋嫩、鲜香。

一吃难忘的饵丝

饵丝是云南地区著名的传统特色小吃。这个"饵丝"可不是猪耳朵切成的丝，而是用大米加工制成的。在古代，麦类制作的食品被统称为"饼"，米类制作的食品为"饵"，饵丝就是将大米粉做成面条状的长丝或将饵块制成丝。

饵丝与米线虽同为大米制作，但口感不同，米线圆滑弹爽，饵丝柔韧留香，各具风味。饵丝的吃法多种多样，和不同作料搭配，经过煮、蒸、炒、卤或炸等不同烹饪方式加工，便产生了风味各异的美食，让人常食不厌。

【在家做美食】

蒸饵丝

原料

饵丝 250 克，猪肉末 500 克，豆芽、韭菜各 50 克，姜末、蒜末、酸豆角、花生碎各少许，姜片 3 片

调料

盐 2 克，水淀粉 50 克，辣酱、生抽各 100 克，红糖、油辣椒各少许，酱油、肉酱、芝麻油、食用油各适量

做法

1. 洗净的韭菜切段，将豆芽、韭菜依次放入烧开水的锅中焯熟，捞出备用。
2. 热锅倒入 200 毫升食用油烧热，放入猪肉末、姜末、蒜末，炒匀，加入辣酱，翻炒均匀，关火盛出。
3. 热锅倒入少许食用油，姜片入锅煸香，加入约 250 毫升清水，大火烧开，倒入生抽、盐、红糖、水淀粉，搅拌均匀，煮至沸腾，关火盛出酱油。
4. 取一大碗，装入饵丝，滴入适量芝麻油，拌匀。
5. 蒸锅上火烧开，铺上饵丝，蒸 3 ～ 5 分钟至熟。
6. 取出蒸好的饵丝，放入碗中，调入适量酱油、肉酱，放入韭菜、豆芽、酸豆角、油辣椒、花生碎，拌匀即可。

花香浓郁的鲜花饼

说到去云南旅行，旅友们每次必带的"云南味"伴手礼当属鲜花饼了。云南有着得天独厚的自然条件，那里气候宜人，鲜花常年不谢，草木四季长青。爱好美食的云南人将鲜花入饼，制成了美味又营养的鲜花饼。

鲜花饼的主要配料是云南特有的食用玫瑰花，加入白糖、冰糖、芝麻、花生、核桃仁、枣泥、猪油制成馅心，包在油酥皮中，经过烘焙制成外形扁圆、小巧精致的鲜花饼。咬上一口，酥软爽口、花香浓郁，仿佛置身于花园之中。

【在家做美食】

玫瑰鲜花饼

原料

（油皮）

中筋面粉 130 克，细砂糖 10 克，猪油 40 克

（油酥）

低筋面粉 80 克，猪油 40 克

（馅料）

玫瑰花酱 240 克

做法

1. 将中筋面粉筛入碗中，倒入水、细砂糖，搅拌均匀，放入猪油，继续搅拌，揉成光滑无颗粒的油皮面团。
2. 将油皮面团放入碗中，并盖上保鲜膜，松弛 30 分钟。
3. 将低筋面粉筛入碗中，放入猪油，揉成光滑无颗粒的油酥面团，盖上保鲜膜，松弛 30 分钟。
4. 将油皮分成 30 克每个、油酥分成 20 克每个的小面团，一份油皮包入一份油酥，擀成油酥皮，备用。
5. 将玫瑰花酱分成 12 份，搓圆制成馅料，每个油酥皮包入一个内馅，收口捏紧朝下，整成圆形，略压扁后，排列于烤盘中。
6. 放入烤箱，以上火 190℃、下火 170℃烘烤 15 分钟，取出调转 180 度再烤 10～15 分钟，至边缘酥硬即可。

是老友就吃"老友粉"

【美食情怀】

老友粉是一道有着百年历史的南宁传统美食，它以丰富的作料把酸和辣巧妙地结合在一起，既勾起食欲，又不会太过刺激，夏天吃着开胃，冬天吃着驱寒。

老友粉得名于一个温馨的故事。据传南宁曾有位老翁每天都去一家茶馆喝茶，有天因感冒未能去，老板便煮了一碗配料丰富、热辣酸香的米粉给他送去，他吃后发了一身汗，感冒也好了。老翁感激不尽，书写了"老友常临"的牌匾送给茶馆老板，从此这种米粉就被叫作"老友粉"了。

【在家做美食】

老友粉

原料

米粉 180 克，酸笋、猪肉各 100 克，蒜 15 克，姜、葱、豆豉各 5 克，香菜 2 克

调料

料酒、生抽、蚝油各 3 毫升，盐 4 克，鸡粉 2 克，食用油、水淀粉各适量

做法

1. 洗净的酸笋、蒜、猪肉切片；豆豉剁碎。
2. 备好的碗中放入猪肉片，加入料酒、盐和少许水淀粉，拌匀待用。
3. 热锅注油，放入调好味的猪肉片，翻炒片刻。
4. 放入酸笋，炒香。
5. 放入豆豉、蒜、姜、葱，炒香。
6. 放入生抽，倒入 500 毫升清水，煮开。.
7. 放入米粉、盐、鸡粉、蚝油。
8. 煮熟后捞出装碗，放入香菜即可。

一城特色桂林米粉

【美食情怀】

都说桂林的山水甲天下，桂林的米粉更是一绝。桂林米粉制作方法考究，米粉外表洁白、光亮、柔韧，口感细嫩、软滑、爽口，但米粉本身淡而无味，关键是要与精心熬制的卤水拌和，才显浓淡相宜、味鲜色美。

说到卤水的制作，其工艺各家有异，大致以猪肉、牛骨、罗汉果和各式作料熬煮而成，香味浓郁。卤水的用料和做法不同，米粉的风味也不同，有生菜粉、牛腩粉、三鲜粉、原汤粉、卤菜粉等，配以油炸花生、香菜、葱花等，让人过口难忘。

【在家做美食】

桂林米粉

原料

水发米粉300克，叉烧肉80克，生菜50克，油炸花生米20克，酸豆角、酸笋各30克，卤水200毫升，香葱2根

做法

1. 叉烧肉切成薄片；香葱洗净，切成葱花，备用。
2. 锅中注水烧开，倒入泡发好的米粉，煮约1分钟至熟软。
3. 捞出煮好的米粉，放入凉水中浸泡片刻，装入大碗中待用。
4. 将生菜放入烧开水的锅中，焯约半分钟，捞出，沥干水分，摆入装有米粉的碗中。
5. 将切好的叉烧肉、油炸花生米、酸豆角、酸笋摆放在米粉上，撒上适量葱花，待用。
6. 锅中水倒掉，倒入卤水，大火煮沸。
7. 将热好的卤水盛入小碗中，撒上少许葱花。
8. 将卤水浇在煮熟的米粉上，拌匀即可食用。

风味独特的螺蛳粉

柳州螺蛳粉是广西柳州的一种风味食品，采用米粉、辣椒的红油、高汤以及各种各样的配菜组成。螺蛳粉的米粉选材至关重要，在米质、口感、弹性等方面要求都很高；螺蛳粉是否风味纯正，关键在汤，汤料要用新鲜螺蛳、高汤加八角、丁香等多种香料熬制，汤面要看见红红的辣椒油；除了螺蛳和辣椒的绝配，柳州人还喜欢给螺蛳粉配上木耳、花生、青菜、腐竹等各种菜肴。地道的柳州螺蛳粉具有辣、爽、鲜、酸、烫的风味，吃来酣畅淋漓，叫人欲罢不能。

【在家做美食】

柳州螺蛳粉

原料

螺蛳干切粉 100 克，螺蛳汤 400 毫升，酸笋 5 克，酸豆角、萝卜干各 10 克，油炸腐竹 20 克，生菜、油炸花生米各 30 克，香菜、葱花各适量

调料

盐、辣椒油各适量

做法

1. 将螺蛳干切粉用冷水浸泡 4 小时至米粉完全涨发。
2. 锅中注入适量清水烧开，放入生菜，焯至断生，捞出，沥干水分，盛入碗中，备用。
3. 下入泡发好的螺蛳粉，煮 5 分钟，捞出，沥干水分，盛入生菜碗中。
4. 锅中水倒掉，倒入螺蛳汤，大火煮开。
5. 加入适量盐，搅拌均匀。
6. 将煮好的螺蛳汤倒入装有米粉和生菜的碗中。
7. 将酸笋、酸豆角、萝卜干、油炸腐竹、油炸花生米码在米粉表面。
8. 加入辣椒油，撒上香菜和葱花即可。

『红黄白绿齐争艳，谁人欲滴不垂涎。

长寿兴旺还童面，伴君饱福享百年。』

一碗血嫩、面脆、辣香、汤鲜的肠旺面，

不知迷倒了多少食客的心。

寓意吉祥的名字更是增添了人们对它的喜爱，

如果你到了贵阳，

千万别错过这一道风味独特的肠旺面。

伴君"常旺"面

【美食情怀】

肠旺面是贵阳极负盛名的一种风味小吃，据传始创于晚清，其有山西刀削面的刀法，兰州拉面的劲道，四川担担面的滋润，武汉热干面的醇香，以色、香、味"三绝"而著称。"肠旺"是"常旺"的谐音，寓意吃了肠旺面便会吉祥常旺。作为贵阳小吃的"带头大哥"，若你到了贵阳，不吃上一碗肠旺面，那就等于没到过贵阳。

制作肠旺面的主料为猪大肠、猪血、面条和脆哨。猪大肠糯软有弹性，没有腥味；猪血顺滑可口，一点也不老；面条使用加碱的黄色鸡蛋面，十分有弹性，也有嚼劲；脆哨，就是炸得酥脆的猪油渣。一碗捧出，汤色鲜红、面条蛋黄、肥肠粉白、葱花嫩绿，豆芽金黄，使人顿感赏心悦目。待举箸下咽，血嫩、面脆、辣香、汤鲜，辣而不猛、油而不腻、脆而不生，让人满口生香、回味悠长。

【老饕侃吃】

肠旺面的面条比一般的面条碱味重，可以加一点醋调和一下，再搭配一小碟莲花白、小尖椒或萝卜丁泡菜，有酸有辣有淡，吃得满嘴油香又清口舒心。

"

肠旺面中的血旺鲜嫩，
肥肠有嚼头，没有腥
气，就算不喜吃内脏的
人也会爱不释口。

肠旺面

原料

碱水面·········150克

猪血·········30克

熟猪大肠·········30克

脆哨（油渣）···20克

豆芽·········20克

油炸花生米·····8克

葱花·········4克

高汤·········250毫升

调料

辣椒油·········20克

糊辣椒面·······4克

盐·········适量

做法

1. 洗净的猪血切片，熟猪大肠切成小段。

2. 锅中注入适量清水，大火烧开。

3. 放入碱水面，煮约1分钟至熟软，捞出，沥干水分，盛入碗中。

4. 锅中放入豆芽，焯至断生，捞出，沥干水分，盛入装有冷水的碗中。

5. 将血片放入锅中焯约1分钟，捞出，沥干水分，盛入装有豆芽的碗中。

6. 面碗中加入熟猪大肠、脆哨、豆芽、血片、油炸花生米、糊辣椒面，备用。

7. 锅中水倒掉，倒入高汤，大火烧开，加入适量盐，搅拌均匀。

8. 将烧开的汤倒入面碗内，淋上辣椒油，撒上葱花即可。

● 小叮咛：煮面的时候，一定要控制好时间，一般煮至面条滚几滚（约1分钟），即用漏勺捞起。

本色本味黄糕粑

　　黄糕粑俗称黄粑，是贵州著名的小吃，它是用糯米、黄豆、白糖或红糖、竹笋壳（粽粑叶）、稻草等蒸制而成，象征着五谷丰登、合家团圆的吉祥之意。

　　黄糕粑体型较大，形状呈圆柱型，比一般人的手臂都粗，用箬竹叶捆扎蒸制。出锅时，香气扑鼻，趁热剥去竹叶，黄润晶莹的黄糕粑跃然眼前，糯香、甜香、竹香扑入口鼻又沁入心田，让人垂涎欲滴、食欲大开。切一片尝之，甘甜香软、齿颊留香。闭目回味，仿佛能感受到山间的优雅清新。

【在家做美食】

黄糕粑

原料

籼米粉、糯米粉各 250 克，生黄豆粉 50 克，水发糯米750 克，箬竹叶数张

调料

红糖 200 克

做法

1. 将泡发好的糯米放入电饭锅中蒸熟，取出凉凉。
2. 将箬竹叶洗净、擦干，备用。
3. 取一盆，放入籼米粉、糯米粉、生黄豆粉、红糖，加入适量清水，搅拌成稠糊状。
4. 将凉凉的糯米饭倒入盆中，搅拌均匀。
5. 静置约 45 分钟，让糯米饭将水分吸干。
6. 取出面团，揉打均匀，分成数个大小均等的小剂子，揉成圆柱形。
7. 用箬竹叶将糯米饭团依次包好，用线捆扎好，制成黄糕粑生坯。
8. 将黄糕粑生坯放入烧开的蒸锅中，用中火蒸 2 小时。
9. 注意给蒸锅添水，水开后转小火蒸 8 小时左右即可。

Part 6

别有风味，
经典两湖小吃

似乎没有什么特别，

也不见得多精致，

看似普通平凡的湖南湖北小吃，

却总能打动食客的味蕾。

或许是因为它们记载着延绵千年的"楚文化"，

又可能是它们恰到好处的"大众口味"，

抑或是它自然朴实的外表让人亲近，

总之，我们爱吃。

「闻起来臭，看起来脏，吃起来香。」

这是毛主席对长沙火宫殿臭豆腐的评价，

也是大多数人对臭豆腐的最初印象。

不知有多少人从不敢尝试，

但吃过之后却对它赞不绝口，为之倾倒。

臭豆腐就是这样一种让人欲罢不能、

辗转回味的「暗黑美食」。

最是那一抹"臭"

【美食情怀】

到了长沙，岂能不吃臭豆腐？臭豆腐全国各地皆有，而长沙的臭豆腐其制作以及味道别具一格，相当闻名。

臭豆腐在长沙被称为"臭干子"，具有"黑如墨，香如醇，嫩如酥，软如绒"的特点。长沙臭豆腐常选用色泽鲜艳、颗粒饱满的黄豆制成老嫩适宜的豆腐坯，然后用冬笋、香菇、曲酒、浏阳豆豉等原料制成的卤水浸泡，待豆腐表面生出白毛，颜色变灰，用小锅慢火油炸，直到颜色变黑表面膨胀，捞上来，在豆腐中心钻一小孔，灌入辣椒末、酱油、芝麻油等配制即成。

初闻臭气扑鼻，细嗅浓香诱人，入口芳香松脆，外焦里嫩多汁，集合白豆腐的新鲜爽口，油炸豆腐的芳香松脆。一经品尝，常令人欲罢不能。

【老饕侃吃】

在以呷为特色的长沙文化里，百年经典老店——火宫殿是臭豆腐的官方代表，但长沙街头巷尾也有很多民间制作臭豆腐的能手，深受民众的喜爱。

> 今天，无论有再多理论
> 申明油脂过量的危害，
> 湖南人依然离不开臭豆
> 腐那特有的脆爽口感。

【在家做美食】

湖南臭豆腐

原料	调料	做法
臭豆腐……300克	生抽………5毫升	1. 洗净的香菜、葱条、红椒切成粒；洗好的大蒜切末；泡椒剁成末，备用。
泡椒…………适量	盐…………少许	2. 锅中注入适量食用油，烧至六成热，放入臭豆腐，炸至臭豆腐膨胀酥脆，捞出，装入盘中，备用。
大蒜…………适量	鸡粉…………少许	3. 用油起锅，放入切好的香菜、葱条、红椒、大蒜、泡椒，炒香。
红椒…………适量	鸡汁………5毫升	4. 加入适量清水，放入少许生抽、盐、鸡粉，淋入鸡汁，拌匀。
葱条…………适量	陈醋………10毫升	5. 加入陈醋，倒入芝麻油，搅拌均匀。
香菜…………适量	芝麻油……2毫升	6. 放入香菜末，混合均匀。
	食用油………适量	7. 把味汁盛出，装入小碗中，佐食臭豆腐即可。

● **小叮咛**：炸臭豆腐一定要油多火大，油温要高，这样才会在几秒内迅速将豆腐表面炸热，并最大限度保留豆腐内部的水分，进而成就其外焦里嫩的口感。

鲜香麻辣小龙虾

【美食情怀】

口味虾是湖南省著名小吃，"口味"这个词，在湖南人口中多是指有食欲，有胃口，口味虾的特点就是辣香味浓、很有"口味"。口味虾最早兴起于夜市大排档，20世纪末开始传遍全国，成为夏夜街边大排档的经典小吃。

口味虾由小龙虾、朝天椒、孜然粉、紫苏叶等材料制作而成，色泽红亮，鲜香麻辣。尽管吃一盆口味虾很容易被辣得嘴巴通红、满头大汗，但这也阻挡不了人们对这一美食的热情。

【在家做美食】

口味虾

原料

小龙虾 500 克，紫苏叶 45 克，干辣椒 30 克，姜片 15 克，葱段、花椒、桂皮、八角各适量

调料

盐 3 克，味精 2 克，料酒 3 毫升，辣椒油、豆瓣酱、辣椒酱、胡椒粉、食用油各适量

做法

1. 将洗净的小龙虾抽去虾线，洗净的紫苏叶切成小片。
2. 汤锅置旺火上，倒入适量清水，放入小龙虾，氽约 4 分钟至断生，捞出，沥干水分备用。
3. 炒锅注油烧热，倒入姜片、葱段爆香，再放入干辣椒、桂皮、八角、花椒，煸炒出香味。
4. 倒入少许豆瓣酱，翻炒匀，再加入辣椒酱，拌炒匀，倒入小龙虾，翻炒入味。
5. 淋入料酒，转小火，加盐，注入适量清水，拌匀，盖上盖，用中火焖煮约 5 分钟至入味。
6. 揭开盖，放入洗净的紫苏叶，炒至断生，再放入少许味精、胡椒粉，淋入少许辣椒油，拌炒均匀即成。

市井美味糖油粑粑

糖油粑粑是长沙的经典小吃，"粑粑"是方言，意思是饼，因其在炸制的时候油中含有红糖而得名糖油粑粑。糖油粑粑因造价便宜、制作工艺精细讲究而深受人们喜爱，大街小巷随处都能见到它的踪影，它与臭豆腐一样，在长沙人民心中有着不可撼动的位置。

糖油粑粑的主要原料是糯米粉和糖，虽然是油炸的食品，但甜而不浓，油而不腻，色香诱人，引人胃口大开。糖油粑粑因在糖油里炸出，一定要趁热吃，软软的糯米面，温热感觉刚刚好。

【在家做美食】

糖油粑粑

原料

糯米粉 200 克

调料

红糖 30 克，食用油 60 毫升

做法

1. 取一小碗，倒入红糖、50毫升温水，搅拌至红糖溶化。
2. 另取一碗，倒入糯米粉，注入约 200 毫升清水，搅拌均匀成团。
3. 将面团用手揉至光滑无颗粒状。
4. 将面团搓成长条状，分成 30 克一个的小剂子。
5. 将小剂子逐一搓圆，轻轻压成饼状，制成粑粑生坯。
6. 平底锅中注油，用中火烧至六成热，转小火。
7. 将粑粑生坯一一放入锅中，小火煎制。
8. 煎至一面焦黄起皮时翻面，再煎另一面。
9. 将红糖水倒入锅中，端起锅轻轻晃动，使红糖均匀布满锅底。将粑粑翻面，使两面均匀粘上汤汁。
10. 转大火，至汤汁浓稠时关火即成。

一甜一咸两"姊妹"

20世纪20年代初，姜氏姐妹在长沙火宫殿的圩场摆了一个卖团子的摊担，她们制作的团子好看又好吃，被人交口称赞，姊妹团子因此而得名。

姊妹团子有糖馅和肉馅之分。糖馅团子用北流糖、桂花糖、大枣肉相配而成，甜香不腻；肉馅团子则用五花鲜猪肉配以香菇调制而成，鲜嫩上口。逢年过节，人们还爱在糖馅团子上撒些红丝，与洁白的团子红白相映，几口团子下肚，可不是将满口福气都吃了进去？

【在家做美食】

姊妹团子

原料

糯米粉 300 克，熟白芝麻、香菇碎各 30 克，猪肉馅 40 克，葱花 5 克

调料

白糖 20 克，盐、鸡粉各 3 克，食用油适量

做法

1. 备好一个碗，倒入熟白芝麻、白糖，注入适量的食用油，拌匀待用。
2. 另备一个碗，倒入猪肉馅、香菇碎、葱花，加入盐、鸡粉、食用油拌匀，制成馅料。
3. 再备一个碗，倒入糯米粉，注入适量的清水，拌匀。
4. 将拌好的糯米粉倒在台面上，和成长条面团，并将面团扯成几个剂子，压制成面饼。
5. 夹取适量的肉馅放在面饼里面，捏制成中间尖的团子生坯。
6. 白糖馅料用剩余面饼包制，做成中间尖的团子生坯。
7. 电蒸锅注水烧开，放入团子生坯，加盖，蒸 15 分钟。
8. 待时间到，揭盖，将团子取出即可。

老少皆宜的甜酒冲蛋

甜酒，又称江米酒、酒酿，湖南则习惯称之为甜酒，主要原料是糯米，蒸熟后拌入酒曲保温发酵而成。甜酒冲蛋是湖南的传统小吃，是用煮沸的甜酒冲入鸡蛋液，加入白糖而成，色泽美观，柔软细嫩，酒味醇香，汤汁蜜甜，富有营养。也可以用甜酒加鸡蛋、白糖等煮沸而成，煮出来的蛋完全熟透，满含甜酒的香醇。在冬季，许多家庭喜欢在甜酒冲蛋中加入年糕、汤圆、枸杞、大枣、糯米圆子等一起煮食，热腾腾的一碗甜酒冲蛋正是餐后一道美味的甜食。

【在家做美食】

甜酒冲蛋

原料

甜酒 40 克，鸡蛋 2 个，枸杞适量

调料

白糖适量

做法

1. 鸡蛋打入碗中，搅匀打散。
2. 热锅注水烧开，放入甜酒、枸杞。
3. 搅拌片刻煮沸，加入白糖，拌匀。
4. 将煮好的甜酒冲入鸡蛋液中即可。

正宗的武汉热干面

在武汉的众多美食中，不能不提热干面，它已经和武汉融为一体，成为武汉的名片之一。

热干面，顾名思义，是不带汤的拌面。正宗的热干面不需要添加过多的调料，爽滑劲道的碱水面，浓汁浇的老酱，加上点辣椒末、葱花、蒜末，想吃酸口的，再来点酸豆角就成了。油光闪烁、酱香淳厚，搅拌均匀后汇聚成一碗浓而不腻的风俗小吃，像极了质朴而又五味杂陈的生活。每天清早，来上一碗热干面，搭配一杯原磨豆浆，也算是有滋有味的享受了。

【在家做美食】

热干面

原料

碱水面 100 克，萝卜干 30 克，金华火腿末 20 克，葱花少许

调料

盐 6 克，芝麻酱 10 克，芝麻油 10 毫升，生抽 5 毫升，鸡粉 2 克

做法

1. 锅中倒入适量清水，用大火烧开。
2. 放入碱水面，煮约 1 分钟至软。
3. 把煮好的面条捞出，盛入碗中。
4. 淋入芝麻油，拌匀，备用。
5. 锅中倒入适量清水，用大火烧开，加入盐。
6. 放入面条，烫煮约 1 分钟至熟。
7. 把面条盛入碗中，加入盐、鸡粉，倒入萝卜干、火腿末。
8. 加入生抽、芝麻酱，倒入芝麻油、葱花，用筷子拌匀，调味。
9. 把拌好的热干面盛出装盘即可。

中式饭团糯米包油条

　　武汉人称吃早餐叫"过早"。武汉人过早的品种可达百样之多，其中一样颇具特色的便是糯米包油条。不管是大街小巷的流动小摊，还是自带大厨的机关食堂，总是能见到糯米包油条的身影。

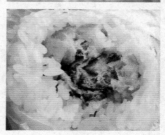

　　糯米包油条，名字已经解释得十分明了，就是用糯米包裹着油条。糯米要蒸得晶莹剔透，黏度适中、有嚼劲，包上刚炸好的、摘去头尾的油条，吃起来外润内酥。糯米包油条分为甜、咸两种口味。品尝糯米包油条要在刚包好、热得烫手时迅速下肚，一口咬下去，黄豆粉和黑芝麻的香、糯米的软、白糖的甜，夹着酥脆滋味的油条，美哉！

【在家做美食】

糯米包油条

原料

水发糯米200克，油条60克，熟黄豆粉100克，熟黑芝麻5克

调料

白糖、食用油各适量

做法

1. 用手将油条撕成两条，待用。

2. 取一个碗，倒入泡发好的糯米，加入适量清水。

3. 蒸锅注水烧开，放入备好的糯米。

4. 盖上锅盖，用大火蒸30分钟至熟软。

5. 关火，揭开锅盖，取出糯米，放凉。

6. 热锅注油，烧至五成热，放入油条，略炸片刻。

7. 将油条捞出，沥干油，待用。

8. 将保鲜膜包在砧板上，倒入糯米，用刮板抹平，成长方形。

9. 撒上少许白糖、熟黄豆粉、熟黑芝麻。

10. 放上油条，将糯米饭卷起来。

11. 定型后将糯米卷切成均匀的小段即可。

有美食家这样评价三鲜豆皮：

「浆清皮薄、外脆内嫩、皮黄油重、油而不腻」。

这个评价十分贴切地概括了三鲜豆皮的特色。

在不少老武汉心中，

相比起大名鼎鼎的热干面，

三鲜豆皮更贴近这个城市的灵魂。

"过早"明星——三鲜豆皮

【美食情怀】

三鲜豆皮是武汉人"过早"的主要食品之一，也是武汉民间的一种传统小吃。以前人们逢年过节时作为节日佳肴，后来成为寻常早点。相比起全国闻名的热干面，三鲜豆皮要低调得多。

三鲜豆皮是糯米和豆皮合作而成，以馅中有鲜肉、鲜蛋、鲜虾而得名。许多没吃过的朋友以为三鲜豆皮就是一块豆腐皮，没想到底下还"暗藏玄机"呢，而且此豆皮也不同于餐桌上常见的黄豆做的"豆腐皮"。三鲜豆皮的"豆"必须是脱壳绿豆；豆皮的"皮"是绿豆磨浆煎成饼皮，包裹上鸡蛋做成蛋皮，煎好后油光闪亮、色泽金黄。豆皮加上蒸熟的糯米，撒上炒熟的肉丁、火腿、青豆、笋、虾仁等，按"皮薄、浆清、火功正"的要求精细煎制，成就了色黄味香的三鲜豆皮。热热地咬上一口，蛋皮酥脆，糯米油泽饱满而不腻。

【老饕侃吃】

包裹着糯米内馅的三鲜豆皮关键是要现做现吃！因为做好的豆皮放几分钟之后就会开始变硬，失去软糯的口感，里面喷香的笋干、肉丁也会跟着失去风味。

虽然武汉的过早产品达
百样之多，三鲜豆皮始
终在武汉人的心中占据
极其重要的分量。

三鲜豆皮

原料

糯米饭┄┄┄200克

绿豆淀粉┄┄┄10克

姜末┄┄┄┄┄10克

蒜末┄┄┄┄┄10克

五花肉┄┄┄100克

水发香菇┄┄┄2朵

豆干┄┄┄┄┄30克

鸡蛋┄┄┄┄┄1个

水淀粉┄┄┄┄适量

调料

食用油┄┄┄┄40克

盐┄┄┄┄┄┄适量

鸡粉┄┄┄┄┄适量

黑胡椒粉┄┄┄适量

老抽┄┄┄┄┄适量

做法

1. 将五花肉、香菇、豆干切成丁；鸡蛋打散；绿豆淀粉加入30毫升水调匀，备用。

2. 热锅注油，下入姜末、蒜末爆香，倒入五花肉丁翻炒片刻，用小火煎至肥肉出油。

3. 淋入少许老抽，翻炒均匀，倒入香菇、豆干，拌匀，加适量盐、鸡粉、黑胡椒粉，注入少量清水，炒匀，盖上盖，小火焖5分钟。

4. 揭盖，加适量水淀粉勾芡，关火盛出。

5. 平底锅刷油烧热，倒入绿豆淀粉，轻轻转动使锅底均匀上浆，小火加热至粉浆凝固。

6. 将打散的鸡蛋倒在粉浆皮上并涂抹均匀，待蛋液定型，用锅铲把豆皮翻面。

7. 关火，在豆皮上均匀铺一层糯米饭，再将炒好的食材均匀铺在糯米饭上，用锅铲轻轻压紧，开小火煎片刻。

8. 再次翻面，使蛋皮朝天，用小火再煎1～2分钟，关火盛出，切成长方形小块即可。

● **小叮咛**：制作三鲜豆皮的难点就在于翻面，想要做到豆皮不破还是需要一些功夫的，有一个取巧的办法，就是用两口平底锅互扣实现翻面。

Part 7

典雅传统，
经典广东小吃

所谓"食在广州"，

当然不是空有虚名。

品种繁多、造型精细的小吃点心，

不会过咸或过辣，

即使是甜品也不会过甜，

是大多数人都能接受的口味。

真正的包容万象、海纳百川，

这便是美食的精髓。

说起广东美食界的「大众情人」，那就不得不提蒸肠粉了。

对于许多广东人来说，早晨来上一碟晶莹剔透、鲜嫩爽滑的蒸肠粉，才是开启一天的正确方式。

无论今天美食如何丰富，这份美味依然在广东人心中占据着不可动摇的地位。

是米不是"肠"

【美食情怀】

　　蒸肠粉相传起源于乾隆年间的粤西地区，虽说名为肠粉，却不是用内脏制成，而是一种米制品，因为外形似猪肠子，所以叫作肠粉。蒸肠粉是广东街头再寻常不过的一款特色小吃，也是较为普遍的早餐，许多广东人都习惯早晨吃上一碟嫩滑美味的肠粉，开始元气满满的一天。

　　蒸肠粉因制作工具和方法的不同分成两种，一种是布拉蒸肠粉，是将米浆放在布上蒸熟而成。布拉蒸肠粉以品尝馅料为主，肠粉的皮白如雪、薄如纸，油光闪亮、晶莹剔透，吃起来鲜香满口、细腻爽滑，让人回味无穷；另一种是抽屉式蒸肠粉，是用穿透抽屉式肠粉机蒸制而成，市面上常见的肠粉都是这一种。抽屉式肠粉是用纯米浆制成，以品尝肠粉和酱汁调料为主，口感上不如布拉蒸肠粉细腻爽滑，但米香浓郁。

【老饕侃吃】

　　蒸肠粉中的馅料非常多元，有猪肉、鱼片、虾仁、牛肉、叉烧肉和油条等，蒸熟后用肠粉包裹卷成条，切段装碟，浇上豉油汁，再配上一碗香米粥，实在是鲜美的享受。

从高档的星级酒楼，到
寻常的街边摊，只要是
有早点的广东餐馆，都
能看到肠粉的身影。

蒸肠粉

原料		调料	
生菜	30克	盐	1克
肠粉	300克	鸡粉	1克
肉末	120克	胡椒粉	1克
		料酒	3毫升
		生抽	5毫升
		芝麻油	5毫升

做法

1. 肉末中加入盐、鸡粉、料酒、白胡椒粉，拌匀，腌渍约10分钟至入味。
2. 将肠粉摊开，放上腌好的肉末。
3. 卷起肠粉，切去头尾，将其切成两段。
4. 将切好的肠粉生坯装盘，待用。
5. 蒸锅注水烧开，放上肠粉。
6. 加盖，用大火蒸10分钟至肠粉熟透。
7. 取一碗，加入生抽、芝麻油，拌匀，制成酱汁，待用。
8. 揭盖，取出蒸好的肠粉，将其切成数段。
9. 取一盘，放上生菜、肠粉，淋上酱汁即可。

● **小叮咛**：肠粉的味道好不好，酱汁至关重要，可以根据喜好往酱汁中调入芝麻、甜酱或辣酱等，为自己制作私家调制、独一无二的酱汁。

粤点"头牌"虾饺

　　虾饺是南粤名点，因表皮晶莹剔透，所以又被称为水晶虾饺。据传虾饺起源于20世纪初广州市郊伍村五凤乡的一间家庭式小茶楼，茶楼临河的河面上经常有渔艇叫卖鱼虾，茶楼老板为招徕顾客，别出心裁，收购鲜虾，制成虾饺，赢得了食客的喜欢，不久便名扬广州。

　　虾饺由澄粉制皮，以鲜虾肉、猪肉泥、嫩竹笋等拌匀作馅，包成饺形，蒸制之后晶莹通透、馅心红白双映生辉，咬一口软韧弹爽，味鲜香醇，让人百食不厌而回味无穷。

【在家做美食】

虾饺

原料

虾仁、猪肉馅各 80 克，澄粉 210 克，莴笋 50 克，姜末 7 克

调料

盐、鸡粉各 3 克，胡椒粉 2 克，食用油适量

做法

1. 洗净的莴笋、虾仁切碎，待用。
2. 取一碗，放入猪肉馅、虾仁碎、姜末、盐、鸡粉、胡椒粉、食用油，注入适量清水，搅拌均匀。
3. 放入莴笋碎，搅拌均匀成馅料。
4. 另取一碗，放入澄粉，沿同一个方向搅拌，边搅拌边注入适量温水，搅拌均匀。
5. 将澄粉放到案板上，揉压成面团，再放入玻璃碗中，封上保鲜膜，醒面 20 分钟。
6. 撕开保鲜膜，取出面团，搓成长条，揪出数个小剂子，揉圆，用手摁压成饼状，用擀面杖擀成圆片。
7. 在面片上放入制好的馅料，包成饺子，放入蒸锅中，盖上盖子，蒸 15 分钟即可。

带着年味的"角仔"

油角，又称角仔，是广东广州等地著名的传统小吃，属于年节食品。油角的形状很像一个胀鼓鼓的钱包，代表了来年财运亨通的好兆头，包油角寓意来年生活像油锅里的油角一样，油油润润、富富足足。

油角的味道多数是甜的，用白糖、黄糖、花生、芝麻等做馅料，但也有些地方使用蔬菜做馅，做出的油角是咸的。不管甜咸，油角的制作方法基本相同，包好后放进油锅炸至金黄，捞出来还在"滋滋"冒泡，咬上一口，满口的香酥脆，弥漫着浓浓的年味儿。

【在家做美食】

油角

原料

面粉 500 克，熟花生仁、熟芝麻各 200 克，鸡蛋 6 个

调料

猪油 200 克，黄糖 50 克，食用油适量

做法

1. 用擀面杖碾碎熟花生仁，黄糖切末。
2. 将黄糖末加入花生碎中，搅拌一下，用擀面杖碾匀。
3. 加入芝麻，混合均匀，制成馅料，盛入碗中待用。
4. 面粉倒入盆中，打入鸡蛋，搅匀。
5. 加入猪油，搅拌成面团。
6. 用手将面团揉至光滑无颗粒，盖上保鲜膜，醒 10 分钟。
7. 取出醒好的面团，用擀面杖擀平，用模具压出一个个小圆片。
8. 取一个小圆片，放入馅料，将面皮对折，捏紧口，捏上小花边，锁紧油角边。
9. 锅中注油烧开，放入油角，炸至金黄捞出即可。

两相宜的云吞面

【美食情怀】

云吞面是广东的传统特色小吃，起源于广州，发展于香港。

正宗的云吞面有"三讲"：一讲面，要用竹升打的银丝面，细如丝，滑如脂，爽脆弹牙；二讲云吞，馅料要三七开肥瘦的猪肉，还要用鸡蛋黄浆住肉味；三讲汤，要用大地鱼和猪骨熬成的浓汤，既要鲜味还要清。云吞面上桌时，碗底一般先放五颗云吞，然后把面条铺放在云吞上面，最后再加入大半碗面汤，汤里要放些韭黄丝，增添美味。

【在家做美食】

云吞面

原料

云吞110克，面条120克，菠菜叶45克

调料

盐、鸡粉、胡椒粉各1克，生抽、芝麻油各5毫升

做法

1. 取一空碗，加入盐、鸡粉、胡椒粉、生抽、芝麻油，待用。
2. 锅中注水烧开，将适量沸水盛入装有调料的碗中，调成汤水。
3. 沸水锅中放入面条，煮约2分钟至熟软。
4. 捞出煮好的面条，沥干水分，盛入汤水中，待用。
5. 锅中再放入云吞，煮约3分钟至熟软。
6. 倒入洗净的菠菜，稍煮片刻至熟透。
7. 捞出煮好的云吞和菠菜，沥干水分，盛入汤面碗里即可。

奶香与蛋香的唯美组合

广东人早晨去茶楼喝茶是一种传统，无论是家人聚餐还是朋友聚会，总爱去茶楼，泡上一壶茶，要上两件点心，美其名曰"一盅两件"，而其中一般都要点奶黄包。

奶黄包的制作工艺比较简单，用黄油加蛋黄、糖制作成馅，包上普通的发酵面皮，蒸熟即可。重点在馅料的制作上，好的奶黄馅，配方比例和制作手法是相当讲究的。蒸好的奶黄包外皮暄软，内里有浓郁的奶香和蛋黄的味道，让人吃了一个就忍不住想吃第二个。

【在家做美食】

奶黄包

原料

低筋面粉 500 克，牛奶 50 毫升，泡打粉 7 克，酵母 5 克，奶黄馅适量

调料

白糖 100 克

做法

1. 把低筋面粉倒在案台上，用刮板开窝，加入泡打粉，倒入白糖。
2. 酵母加少许牛奶，搅匀，倒入窝中，混合均匀。
3. 加少许清水，搅匀。
4. 刮入面粉，混合均匀，揉搓成面团。
5. 取适量面团，搓成长条状，揪成数个大小均等的剂子，压成饼状，擀成中间厚、四周薄的包子皮。
6. 取适量奶黄馅，放在包子皮上，收口，捏紧，捏成球状生坯。
7. 生坯粘上包底纸，放入蒸笼里，发酵 1 小时。
8. 把发酵好的生坯放入烧开的蒸笼里，加盖，大火蒸 6 分钟即可。

酥软香甜的老婆饼

【美食情怀】

老婆饼是一种烘焙面食点心，是广东潮州地区的特色传统名点，在中式点心中具有超高的知名度。相传是朱元璋的妻子马氏为解决将士们打仗携带干粮的问题而发明，所以被称为老婆饼。

老婆饼的制作并不复杂，主要由糖冬瓜、小麦粉、糕粉、饴糖、芝麻等食材为原料烘焙而成。刚出炉的老婆饼外皮呈金黄色，表面光滑发亮，饼皮一层层薄如纸，香酥可口，内馅软糯香甜，甜如蜂蜜却不嫌腻。一口咬下，外皮的酥松加上内馅的香软，十分诱人。

【在家做美食】

老婆饼

原料

（馅料）
糯米粉 70 克，白糖 75 克，白芝麻、糖冬瓜、猪油各 30 克

（油酥）
面粉 80 克，猪油 45 克

（油皮）
面粉 100 克，猪油 15 克，白糖 20 克

（装饰）
蛋黄液适量

做法

1. 取一大碗，倒入 110 毫升水，加入白糖、猪油、糯米粉、白芝麻、糖冬瓜，搅拌成糊状，制成馅料备用。

2. 把油酥材料混合均匀，揉成光滑的面团，待用。

3. 把 100 克面粉倒在案台上，开窝，加入 45 毫升水、白糖、猪油，揉成光滑的油皮，醒 5 分钟。

4. 将油皮和油酥搓成长条，切成数个小剂子，擀薄，将油酥剂子包在油皮里，收口捏紧成球状，擀成长条状，叠三层，接着擀成长条状，再叠三层，擀平。

5. 取适量馅料放在面皮上，收口捏紧，搓成球状，轻轻压成饼状，制成饼坯，放在烤盘中，逐个刷上一层蛋黄液，在饼的表面逐个压两道口子。

6. 放入烤箱以上、下火 180℃烤制 20 分钟即可。

当姜汁撞上奶

【美食情怀】

姜撞奶是广东的传统美食，来源于广东番禺沙湾镇。顾名思义，姜撞奶是由生姜和奶制成，首先用生姜磨出姜汁，再将加入白砂糖的全脂牛奶加热，最后倒入姜汁中，凝固即可，其形状像豆花，但比豆花略稠，形似双皮奶，却又比双皮奶更加细腻嫩滑。

姜撞奶具有独特的味道，热烈的姜与温柔的奶在舌尖碰撞，甜与辣一瞬间融合，滑嫩爽口，甜香中略带微辣。姜撞奶有暖胃表热作用，很适合冬天食用，不少国外人士甚至专门来学习这道小吃。

【在家做美食】

姜撞奶

原料

纯牛奶 200 毫升，姜汁 150 毫升

调料

白糖适量

做法

1. 用隔渣布滤去姜渣，取姜汁备用。
2. 将纯牛奶、白糖倒入锅中，开火，煮至白糖完全溶化。
3. 将煮好的牛奶凉凉，备用。
4. 把姜汁倒入锅中，煮至沸腾。
5. 将煮过的牛奶倒入锅中，搅拌均匀。
6. 将煮好的糖水倒入汤盅。
7. 用保鲜膜封口，放入冰箱冷冻 1 小时即可。

超爽滑的双皮奶

双皮奶是广东顺德地区非常有名的地方代表性小吃，是由牛奶、蛋清和白糖等混合炖制而成的一种特色甜品。之所以称为双皮奶，是因为它的表面有一层需要两次凝结才形成的厚厚的奶皮。

双皮奶洁白如膏脂，入口细腻嫩滑，清淡香甜而不腻。上层奶皮甘香，下层奶皮香润，香气浓郁，入口即化，让人唇齿留香，许多不喜食甜品的人都爱这温润柔滑的双皮奶。双皮奶可热饮，也可入冰柜冷藏后添加蜜豆食用。

【在家做美食】

双皮奶

原料

全脂牛奶 500 毫升，鸡蛋 3 个

调料

白糖 27 克

做法

1. 将蛋白和蛋黄分离，蛋白打散备用。

2. 全脂牛奶倒入锅中煮开。

3. 将煮开的牛奶倒入小碗中，自然冷却到表面结一层奶皮。

4. 将牛奶缓缓倒回锅内加热，放入白糖，搅拌匀。

5. 倒完后奶皮会贴于碗底。

6. 碗上放一个漏网，将牛奶、蛋白缓缓倒入碗中使奶皮浮起。

7. 盖上保鲜膜放入蒸锅，待水开后改中火蒸 15 分钟。

8. 关火，闷 2 ～ 3 分钟之后再开盖，打开保鲜膜即可。

Part 8

各具千秋，
经典港澳台小吃

或许是由于文化的交融，

港澳小吃，其实很多都和广东小吃相重，

台湾小吃与闽南小吃，亦传承一派。

它们身上容易找到各自的影子，

但又加入了非常多的当地特色，

十分特别，让人印象深刻。

卤肉饭、蚵仔煎、葡式蛋挞、丝袜奶茶……

让我们一起走入港澳台小吃的美味世界！

台湾古早"饭"

台湾的饭食小吃繁多，但论知名，非卤肉饭莫属。如许多其他小吃一样，全国各地也有店家售卖卤肉饭，而卤肉饭在台湾又格外不一样。

卤肉饭在台湾南北地区有不同的意义。在台湾北部，卤肉饭多是在白饭上浇淋含有熟碎猪肉及酱油卤汁的料理，有时酱汁里也会有香菇丁等成分，台湾人称作"肉臊饭"；而在台湾南部，卤肉饭则是用切块的五花肉做的烩肉饭。两种做法略有不同，但基本制作原理一致，外地人也习惯于把它们统称为"台湾卤肉饭"。

【在家做美食】

卤肉饭

原料

卤水汁 30 毫升，五花肉 400 克，水发香菇 100 克，熟米饭适量，姜末 10 克，香菜少许

调料

料酒 5 毫升，水淀粉、盐、食用油各适量

做法

1. 将五花肉洗净，剁成肉末后置于大碗中，加入盐、料酒、姜末，拌匀后腌制 15 分钟。

2. 香菇用温水泡发后挤干水分，切成黄豆大小的小丁。

3. 不粘煎锅中注入适量食用油，大火烧至八成热，下入肉末，炒匀后改小火，煎至五花肉中的肥肉出油。

4. 加入香菇碎炒匀，倒入卤水汁，翻炒均匀，加入少许清水至末过食材，炒匀。

5. 盖上盖，大火煮沸后转小火，炖 20 分钟左右。

6. 揭盖，加入少许水淀粉，炒匀收汁，关火，将卤肉臊盛入碗中备用。

7. 取适量蒸熟的热米饭，在饭上浇上适量肉臊，点缀上香菜即可。

翻滚吧，蚵仔

【美食情怀】

蚵仔煎，闽南语读作"ě ā jiān"，普通话译作"海蛎煎"。这是一道常见的家常菜，起源于福建泉州，是闽南、台湾、潮汕等地区经典的传统小吃之一。

关于它的起源，有一则有趣的故事。民间传闻，西元1661年时，荷兰军队占领台南，泉州南安人郑成功从鹿耳门率兵攻入，意欲收复失土。郑军势如破竹大败荷军，荷军在一怒之下，把米粮全都藏匿起来，郑军在缺粮之余急中生智，索性就地取材，将台湾特产蚵仔、番薯粉混合加水和一和煎成饼吃，想不到竟流传后世，成了风靡全国的小吃。

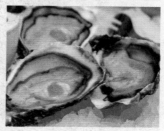

【在家做美食】

蚵仔煎

原料

牡蛎250克，鸡蛋280克，韭菜3根，小白菜1颗，地瓜粉30克

调料

香辣酱20克，蒜蓉辣酱5克，生粉10克，水淀粉、食用油各适量

做法

1. 往牡蛎中放入生粉，加水清洗干净。
2. 将地瓜粉放入碗中，加水搅匀。
3. 韭菜切碎，小白菜切小段取叶，鸡蛋打散成蛋液。
4. 平底锅烧热，注入适量食用油，倒入牡蛎，快速翻炒，加入地瓜粉液和韭菜碎，煎至凝固透明状。
5. 淋入蛋液，加入小白菜，翻面，煎至两面熟透即可出锅。
6. 另起锅，倒入香辣酱、蒜蓉辣酱和水淀粉，煮开后淋在蚵仔煎上即可。

藏在"菠萝油"里的慢时光

菠萝包是源于香港的一种甜味面包，这种面包并没有菠萝成分，只因其表面的酥皮形似菠萝外皮而得名。香港人叫菠萝包为菠萝油，这是因为他们喜欢在新鲜出炉的菠萝包中间划一刀，然后加上薄薄一片冰冻的咸味黄油，利用面包的温度慢慢融化黄油，这样甜与咸搭配、酥香与奶油馅结合，会带来无比美妙的味觉享受。

一块菠萝包，再加上一杯奶茶或咖啡，这也是香港人喜欢的惬意生活状态之一。不过，菠萝包的热量和脂肪含量非常高，所以三高和肥胖症人群要慎食。

【在家做美食】

酥皮菠萝面包

原料

（面包面团）

高筋面粉 250 克，干酵母 5 克，奶粉 10 克，黄油 60 克，蛋液 15 毫升，盐 2.5 克，细砂糖 35 克

（酥皮）

炼乳 1.5 克，鲜牛奶 1.5 毫升，奶粉 1 克，芝士 5 克，黄油 4 克，蛋液 2 毫升，苏打粉、泡打粉各 0.2 克，低筋面粉 22 克，细砂糖 18 克

做法

1. 取一个大碗，倒入高筋面粉、干酵母、35 克细砂糖、10 克奶粉，混匀后倒入案板上，加入 15 毫升蛋液，分次加入清水，揉成面团。

2. 加入 2.5 克盐、60 克黄油，揉成光滑的面团，盖上保鲜膜，静置 14~15 分钟。

3. 将面团分割并揉成2个小面团，常温发酵至1倍大（每隔15分钟左右在面团上喷一次水）。

4. 将芝士、4克黄油、细砂糖、炼乳、鲜牛奶、泡打粉、苏打粉、奶粉依次混合并拌匀，加入2毫升蛋液、低筋面粉，拌匀，揉成酥皮面团。

5. 将酥皮面团揉成长条，再切成小块，擀成面皮后分别压在发酵好的面包面团上，刷上一层蛋液，再用竹签划出纹路，放入烤箱烤 8 分钟左右即可。

煎饼里的"小确幸"

班戟是pancake的音译词，意思是煎饼、热饼、薄烤饼、松饼。一般来说班戟使用的是未经发酵的面粉制作，属于快速烘培面包，不过有些版本的做法里也采用发酵后的面粉来做。

班戟是西方人很喜欢的甜品，经过香港人的打磨，已经变成港式甜品的经典之一。芒果班戟算是普通煎饼的升级版，用芒果和奶油做馅，融入了芒果的香甜和奶油的软滑，加上西式的薄饼，冷藏后切开食用，滋味美妙，是一道非常有特色的甜品。

【在家做美食】

芒果班戟

原料

牛奶 120 毫升，芒果 1 个，黄油 8 克，鸡蛋 25 克，低筋面粉 45 克，糖粉 10 克，淡奶油 100 毫升

调料

白砂糖 30 克

做法

1. 鸡蛋打入大碗中，加入糖粉搅拌均匀。
2. 倒入牛奶搅拌均匀，筛入低筋面粉，拌匀。
3. 黄油倒入奶锅，加热融化后，倒入蛋奶糊中，搅拌均匀，过筛至干净的碗中，静置半小时。
4. 平底锅开小火，倒入适量的蛋奶糊，摊成圆形，凝固即可取出。
5. 淡奶油加入白砂糖打发至干性发泡，即可以明显看到花纹不消失的状态。
6. 将打发好的奶油放入摊好冷却后的面皮中，摆上切好的芒果丁，折叠好，收口朝下即可。

奶茶就喝"丝袜"做的

【美食情怀】

所谓"丝袜奶茶"，其实就是把煮好的锡兰红茶用细白棉布缝制的茶袋先行过滤，然后再加入奶和糖。由于一般茶餐厅冲茶用的茶袋是长期使用的，时间久了，经过红茶的不断浸润，白布变成了茶褐色，有点像过去的厚丝袜，才得此名。

港式丝袜奶茶是港式茶餐厅的活招牌，奶茶做得好不好，直接决定生意的好坏。一杯好的丝袜奶茶，冲得香，撞得滑，茶瘦奶肥，茶味和奶味清晰可分，但又配合得天衣无缝，一口喝下去，让人心旷神怡。

【在家做美食】

丝袜奶茶

原料

红茶 1 包，牛奶 150 毫升

调料

白砂糖少许

做法

1. 锅置火上烧热，倒入牛奶，放入备好的红茶包，拌匀。
2. 开大火略煮。
3. 待沸腾时撒上少许白砂糖，拌匀，煮至白糖溶化。
4. 关火，盛出煮好的奶茶，装入杯中即可。

经典葡式甜品——木糠蛋糕

【美食情怀】

　　提到澳门的甜点，除了葡式蛋挞、肉松蛋卷外，还有就是木糠杯了。澳门曾经是葡萄牙的殖民地，所以很多美食都带有葡萄牙的习俗。木糠杯是因为碾碎的饼干屑和锯树时的木屑相似而得名。

　　木糠杯也叫木糠蛋糕，是由动物性淡奶油、玛丽亚饼干、炼奶做成的甜品，选材比较讲究，但是操作非常简单。正宗的木糠杯要用专门的玛丽亚饼干制作，不过自己在家做时用普通的消化饼干也无妨。做好的木糠杯里，饼干酥香，奶油软滑，层次丰富，香甜不腻，让人回味无穷。

【在家做美食】

木糠杯

原料

玛丽亚饼干 180 克，淡奶油 200 毫升，炼乳 45 毫升

做法

1. 将玛丽亚饼干装入保鲜袋中，用擀面杖压碎，倒入碗中。
2. 炼乳倒入淡奶油中，打发至湿性发泡，装入裱花袋。
3. 在透明圆杯中铺上一层饼干碎，再挤上一层打发好的奶油，再次铺上一层饼干碎，用擀面杖轻轻抹平，再次挤上一层奶油，重复以上操作，最上面一层铺上饼干碎。
4. 将杯子放入长盘中，送进冰箱冷冻半小时即可。

在澳门，葡式蛋挞是特别的。

它的诞生与发展有着近乎传奇的经历，

它那独有的酥软与蛋香早已漂遍大江南北。

但，正宗的葡式蛋挞做法依然千金难求。

午后，品一杯香浓咖啡，

尝一只酥香四溢、奶香十足的蛋挞，

尽享生活的小确幸。

飘香过海葡式蛋挞

【美食情怀】

葡式蛋挞，又称葡式奶油塔、焦糖玛琪朵蛋挞。港澳及广东地区称葡挞，是一种小型的奶油酥皮馅饼，属于蛋挞的一种，焦黑的表面（糖过度受热后形成的焦糖）为其特征。1989年，英国人安德鲁·史斗（Andrew Stow）将葡挞带到澳门，改用英式奶黄馅并减少糖的用量后，随即慕名而至者众，并成为澳门著名小吃。

正宗的玛嘉烈葡式蛋挞必须用手制作：精致圆润的挞皮、金黄的蛋液，还有焦糖比例，都经过专业厨师的道道把关，才臻于普通蛋挞难以达到的完美。真正的蛋挞必须分层明显。上桌的玛嘉烈蛋挞的底座就像刚出炉的牛角面包，口感松软香酥，内馅丰厚，奶味蛋香也很浓郁，味道一层又一层，且甜而不腻。

【老饕侃吃】

新鲜出炉的葡式蛋挞，外层松脆，内层香甜，还未凑近，浓郁的蛋香就扑鼻而来。等不及地连吃带吹咬下去，酥脆的"外壳"层层脱落，嫩滑的蛋浆入口即化。

【在家做美食】

葡式蛋挞

原料

鲜奶油100毫升，糖粉70克，淡奶油200毫升，鸡蛋100克，芝士片30克，挞皮适量

做法

1. 把鲜奶油、糖粉、芝士片加热搅拌均匀。
2. 加淡奶油继续搅拌。
3. 加入鸡蛋搅拌均匀。
4. 将蛋奶液过筛到杯中。
5. 把蛋奶液倒入挞皮中。
6. 将放有蛋挞的烤盘放入预热好的烤箱中，烘烤约20分钟。
7. 取出烤好的蛋挞，装盘即可。